DK Naturforscher

Sternenhimmel

Ben Morgan

DK | Penguin Random House

Sonderausgabe fur den
Verlag an der ESTE, GmbH, Buxtehude 2015
Nr. 2014-SS-048

Titel der englischen Originalausgabe:
Nature Activities: Stargazer

ISBN der deutschen Originalausgabe:
978-3-8310-0810-0

Übersetzung: Angela Wagner
Redaktion: Kerstin Wendsche
Herstellungskoordination: Steffen Bollermann
Gesamtherstellung dieser Sonderausgabe:
Laura Schweiger

Printed and bound in China by L.Rex

Besuchen Sie uns im Internet
www.dorlingkindersley.de

LIEBE ELTERN!

Einige Versuche in diesem Buch benötigen eine erwachsene Aufsichtsperson. Diese Versuche sind durch entsprechende Symbole gekennzeichnet. Die „Wichtig"-Kästen beinhalten weitere Informationen über eventuelle Gefahren und geeignete Sicherheitsmaßnahmen. Bitte überprüfen Sie sorgfältig, welche Versuche von einem Erwachsenen beaufsichtigt werden sollten, und achten Sie auf Ihr Kind, wenn es angeraten wird.

Stellen Sie immer sicher, dass Ihr Kind den Anweisungen genau Folge leistet. Autor und Verlag können keinerlei Verantwortung für eventuell auftretende Unfälle oder Verletzungen übernehmen, die durch ein Nichtbefolgen der Anweisungen auftreten, und übernehmen keine Haftung für derartige Schäden.

WICHTIG
Dieser Kasten enthält Sicherheitsinformationen und gibt an, ob ein Versuch viel Schmutz verursacht. Folgen Sie genau den Anweisungen und führen Sie den Versuch an einem geeigneten Ort durch.

Versuche mit diesem Symbol sollten nur gemeinsam mit einem Erwachsenen durchgeführt werden.

Bei diesem Versuch sollte besonders aufgepasst werden.

Inhalt

NICHT VERGESSEN!
Schau nie direkt in die Sonne! Wenn du mit bloßem Auge oder einem optischen Hilfsmittel wie einem Fernglas in die Sonne blickst, kannst du blind werden.

ACHTUNG KINDER! LEST DIES ZU EURER SICHERHEIT, BEVOR IHR DIE EXPERIMENTE DURCHFÜHRT!

1 Gebt immer einem Erwachsenen Bescheid, bevor ihr einen Versuch in diesem Buch beginnt.

2 Achtet auf die folgenden Symbole:

⚠ Passt bei diesem Versuch besonders auf.

⚠ Bei diesem Versuch braucht ihr die Hilfe eines Erwachsenen.

3 Lest die „Wichtig"-Kästen – darin stehen Sicherheitsinformationen. Außerdem verraten sie, ob ein Versuch viel Schmutz macht und nur an einem geeigneten Ort durchgeführt werden sollte.

4 Befolgt sorgfältig die Anweisungen.

Die Welt der Sterne

Hast du schon einmal nachts über die vielen Sterne am Himmel gestaunt und wolltest mehr darüber wissen? Wenn ja, dann ist dieses Buch genau das Richtige für dich. Beim Sternebeobachten lernst du Sternbilder kennen, entdeckst Galaxien und Planeten und siehst Sternschnuppen, ja vielleicht sogar eine Mond- oder Sonnenfinsternis!

Wo und wann

Die beste Zeit, um Sterne zu beobachten, ist eine dunkle, klare Nacht ohne Mondschein. Im Winter dauern die Nächte zwar länger, doch du kannst das ganze Jahr über Sterne beobachten. Dabei wirst du merken, dass der Himmel zu den verschiedenen Jahreszeiten auch unterschiedlich aussieht. Draußen auf dem Land sind mehr Sterne zu erkennen als in der Stadt, denn die vielen Lichter verursachen einen trüben Schein. Durch diese „Lichtverschmutzung" kann man nur die hellsten Sterne sehen. Zu Hause schaltest du am besten alle Lichter aus oder gehst in die dunkelste Ecke des Gartens.

Sehen in der Nacht

Etwa 20 Minuten brauchen deine Augen, bis sie sich an die Dunkelheit gewöhnt haben. Wenn du geduldig bist und im Dunkeln wartest, wirst du mit der Zeit immer mehr Sterne erkennen können. Du solltest zwischendurch aber nicht in helles Licht schauen, sonst musst du wieder von vorn beginnen. Manche Leute benutzen daher eine Taschenlampe mit rotem Licht, um Sternkarten zu lesen. Ein anderer Trick ist es, ein Auge zu schließen, wenn du deine Taschenlampe anknipst. So bleibt das andere Auge möglichst lichtempfindlich.

Eine Sternkarte zeigt, welche Sterne zu verschiedenen Jahres- und Uhrzeiten sichtbar sind.

STERNE IM INTERNET

Im Internet kannst du einen anderen aufregenden Blick in den Weltraum werfen. Dort findest du Bilder, die von den besten Teleskopen der Welt oder Raumsonden aufgenommen wurden. Auf den Webseiten der Planetarien siehst du, welche Sterne wann von deinem Heimatort aus sichtbar sind. Auf anderen Seiten zur Astronomie bekommst du aktuelle Hinweise auf besondere Himmelserscheinungen wie zum Beispiel eine Mond- oder Sonnenfinsternis.

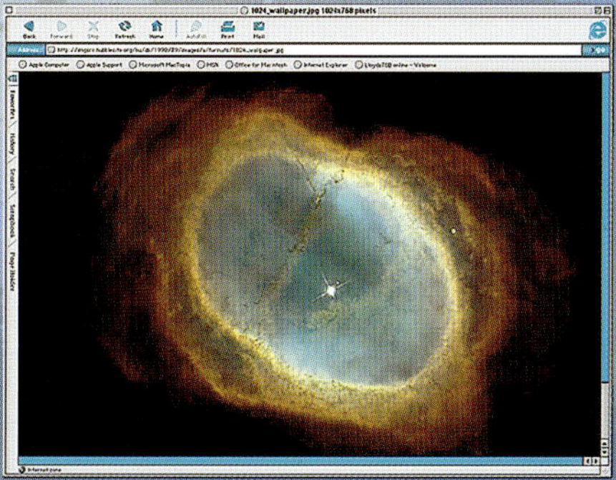

Planetennebel ▲
Im Internet sind auch die neuesten Bilder des Hubble-Teleskops. Dieses zeigt eine glühende Gaswolke um einen sterbenden Stern.

Nützliche Ausrüstung

Zum Sternebeobachten brauchst du vor allem warme Kleidung, weil du lange still stehen oder sitzen wirst. Eine Sternkarte (siehe Seite 44–47) oder ein Astronomiebuch helfen dir beim Auffinden bestimmter Sterne. Zum Lesen reicht eine Taschenlampe, am besten eine mit rotem Licht, damit deine Augen sich nicht immer wieder neu an die Dunkelheit anpassen müssen. Du kannst dir selbst eine basteln, indem du deine Lampe mit roter Plastikfolie überziehst. Nützlich sind auch Kompass, Uhr, Notizbuch und Stift. Mit einem Fernglas kannst du kleine oder schwach leuchtende Objekte besser erkennen.

TIPP
In einem Liegestuhl lassen sich die Sterne bequemer beobachten als auf dem Boden liegend.

Der Nachthimmel

Der Nachthimmel kann sehr verwirrend sein mit seinen tausenden Sternen, die sich scheinbar unablässig bewegen. Um ein wenig Ordnung in die Sterne zu bringen, haben wir Menschen sie zu Mustern zusammengefasst – den Sternbildern. Und damit wir die Bewegungen besser verfolgen können, stellen wir uns vor, dass alle Sterne an einer riesigen Kugel befestigt sind, die die Erde umgibt.

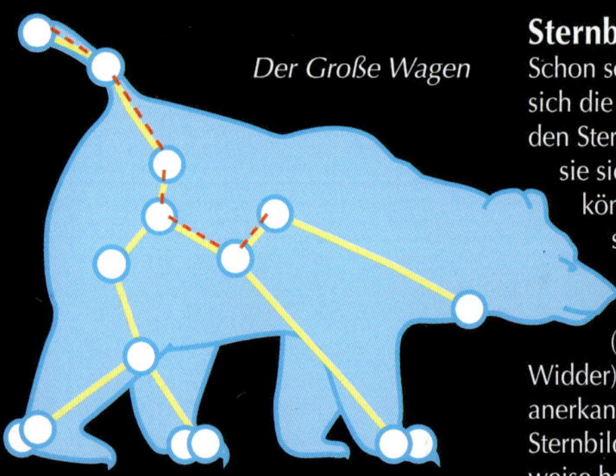

Sternbilder

Schon seit Urzeiten bemühen sich die Menschen, Muster in den Sternen zu entdecken, um sie sich besser merken zu können. Später erhielten sie Namen aus römischen und griechischen Legenden, wie Orion (der Jäger) und Aries (der Widder). Es gibt 88 international anerkannte und lateinisch benannte Sternbilder. Der Große Bär beispielsweise heißt Ursa Major. Einige sehr bekannte Sterngruppen sind Teile größerer Sternbilder, wie etwa der Große Wagen. Er gehört zum Großen Bären.

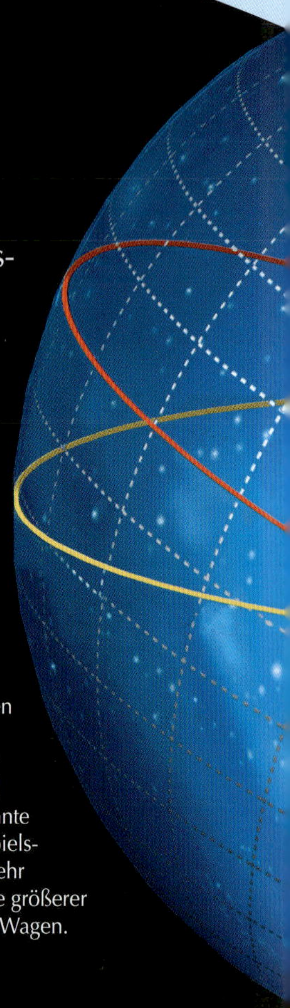

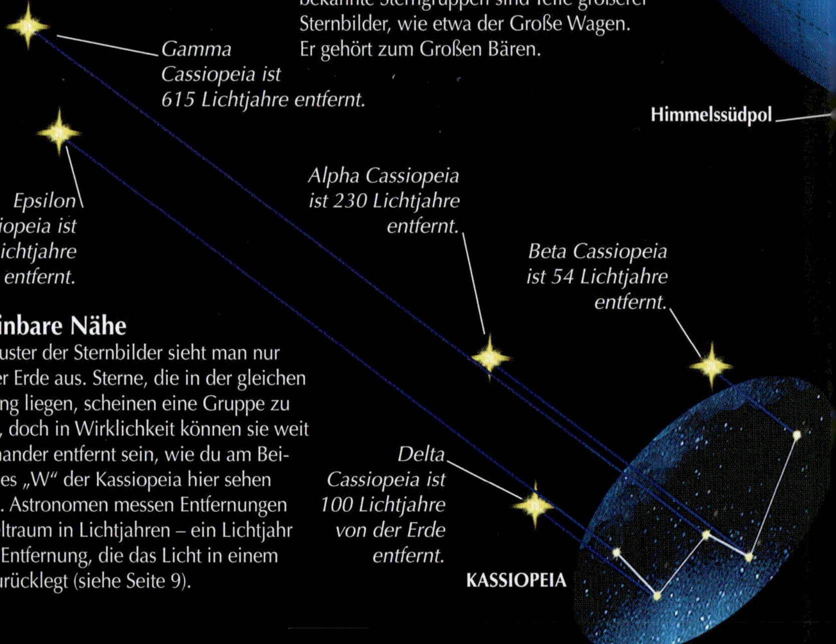

Scheinbare Nähe

Die Muster der Sternbilder sieht man nur von der Erde aus. Sterne, die in der gleichen Richtung liegen, scheinen eine Gruppe zu bilden, doch in Wirklichkeit können sie weit voneinander entfernt sein, wie du am Beispiel des „W" der Kassiopeia hier sehen kannst. Astronomen messen Entfernungen im Weltraum in Lichtjahren – ein Lichtjahr ist die Entfernung, die das Licht in einem Jahr zurücklegt (siehe Seite 9).

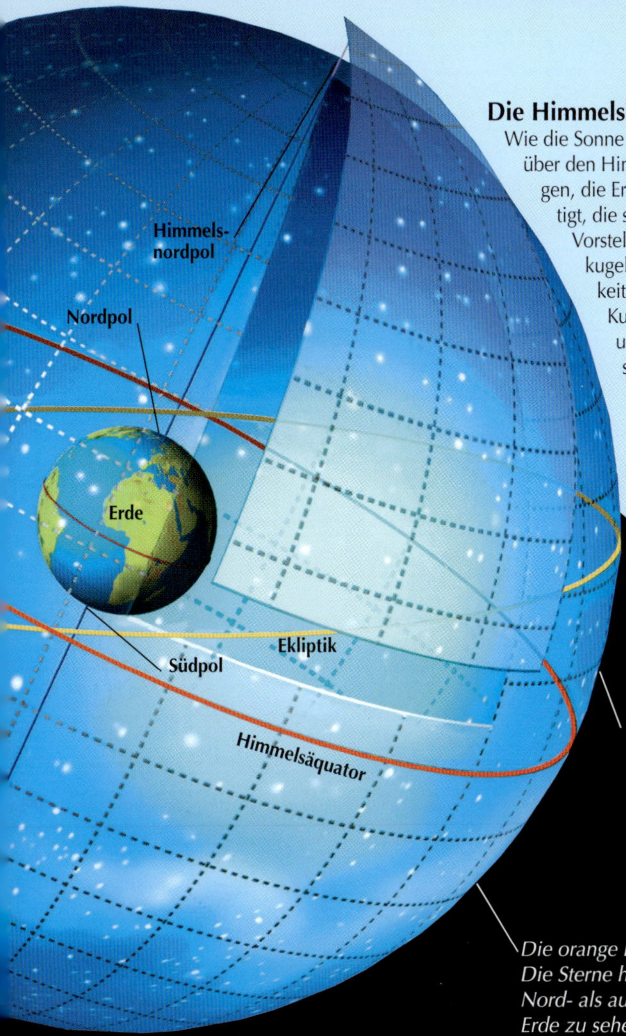

Die Himmelskugel

Wie die Sonne am Tag ziehen die Sterne nachts über den Himmel, als wären sie an einer riesigen, die Erde umspannenden Kugel befestigt, die sich dreht. Astronomen hilft die Vorstellung von so einer „Himmelskugel“, auch wenn es sie in Wirklichkeit nicht gibt. Die Punkte auf der Kugel, die direkt über dem Nord- und Südpol der Erde liegen, wo sich die Sterne nur wenig bewegen, nennt man die Himmelspole. Auf halbem Weg zwischen ihnen liegt der „Himmelsäquator“. Jeder Stern hat seinen festen Platz auf der Himmelskugel, im Gegensatz zu den Planeten, die sich vor dem sternenübersäten Hintergrund bewegen.

Die gelbe Linie stellt die Ekliptik dar – den scheinbaren jährlichen Weg der Sonne über den Himmel.

Die orange Linie ist der Himmelsäquator. Die Sterne hier sind sowohl von der Nord- als auch von der Südhalbkugel der Erde zu sehen.

ENTFERNUNGEN MESSEN

Astronomen messen Entfernungen auf der Himmelskugel in Grad (das Zeichen dafür ist: °). Die ganze Kugel umfasst 360°, doch du kannst nur die Hälfte sehen (180°). Mit deiner Hand kannst du auch Entfernungen messen. Strecke den Arm aus und halte deine Hand wie rechts beschrieben.

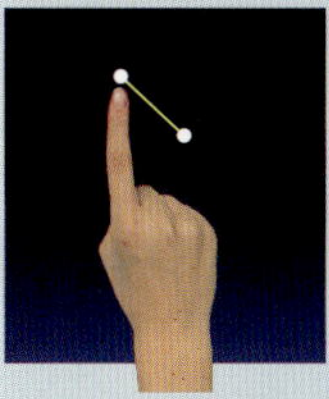

Eine Fingerbreite
Ein Finger ist etwa 1° (zweimal die Vollmondbreite).

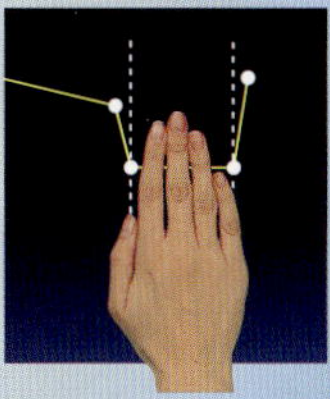

Halbe Handbreit
Eine Hand auf Armeslänge zeigt etwa 10°.

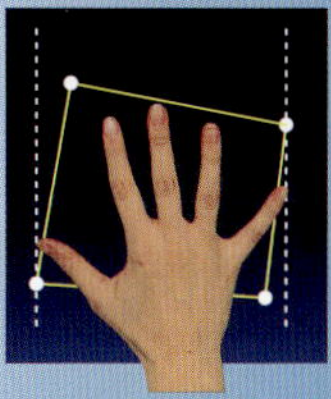

Handbreit
Mit gespreizten Fingern bedeckst du etwa 22°.

Unser Platz im All

Jahrhundertelang haben die Menschen geglaubt, die Erde läge im Mittelpunkt des Universums und alle Planeten und Sterne würden sie umkreisen. Mit der Erfindung von Fernrohren begriffen Astronomen, dass es sich tatsächlich ganz anders verhält. Die Erde ist nur ein Planet von vielen, der sich um einen von Milliarden von Sternen dreht, die im riesigen Weltall verstreut sind.

Die Sonnenwärme verursacht Bewegungen in der Atmosphäre, die sich auf das Erdklima auswirken.

Der Planet Erde

Unser Planet ist der einzige Ort im Universum, von dem wir wissen, dass dort Leben existiert. Die Erde liegt genau in der richtigen Entfernung zur Sonne, damit Wasser in all seinen Erscheinungsformen vorkommt: flüssiges Wasser, festes Eis und Wasserdampf. Ohne Wasser gibt es kein Leben. Es bedeckt zwei Drittel der Erdoberfläche und sorgt für Wolken am Himmel. Unsere Sonne ist ein Stern mittlerer Größe. Ihre Kraftquelle liegt tief in ihrem Innern, wo Kernverschmelzungen Materie in Energie verwandeln. Die Sonne enthält fast alle Materie des Sonnensystems. Sie besitzt eine riesige Anziehungskraft, welche die Planeten in ihrer Umlaufbahn hält.

Das Sonnensystem

Die Sonne und ihre Planeten bilden zusammen das Sonnensystem. Acht Planeten kreisen um die Sonne, einige davon mit eigenen Monden. Die inneren Planeten, zu denen die Erde gehört, bestehen aus Gestein und Metall. Die meisten äußeren Planeten sind riesige Kugeln aus Wasserstoff und Helium. Zwischen den inneren und äußeren Planeten befindet sich ein Ring aus Gesteinstrümmern, der Asteroidengürtel.

ERFORSCHUNG DES WELTALLS

Die Entfernungen im Weltraum sind für uns Menschen unvorstellbar groß. Die Astronomen messen sie in Lichtjahren. Nichts ist schneller als Licht. Ein Lichtjahr ist die Entfernung, die es in einem Jahr zurücklegt: 9,5 Billionen Kilometer. Das Licht, das wir von den Sternen sehen, haben sie vor vielen Jahren ausgestrahlt. Daher schauen wir eigentlich in die Vergangenheit. Mit den stärksten Teleskopen können Astronomen etwa 14 Milliarden Lichtjahre weit ins All blicken.

Den Himmel absuchen ▲
Ein Hobby-Astronom schaut durch das Teleskop des Kitt-Peak-Observatoriums (USA). Das große Kuppeldach öffnet sich zur Milchstraße.

Das Universum

Zwischen den Planeten liegt interstellarer Raum, das ist am Nachthimmel die Dunkelheit zwischen den Sternen. Wenn du lange genug unterwegs wärst – etwa 500 Jahre mit der Geschwindigkeit eines Spaceshuttles –, würdest du den unserer Sonne nächstgelegenen Stern erreichen: Proxima Centauri. Er ist einer von etwa 200 Milliarden Sternen, die zu unserer Heimatgalaxie, der Milchstraße, gehören. Um die Milchstraße herum liegen unvorstellbare Weiten leerer Weltraum und dahinter finden sich weitere Galaxien. Wahrscheinlich gibt es hunderte von Milliarden Galaxien, die sich in alle Richtungen erstrecken. Die genaue Zahl werden wir nie erfahren, denn wir können nur einen winzigen Teil davon sehen. Die Galaxien und der leere Raum dazwischen bilden zusammen das Universum.

Planeten-Mobile

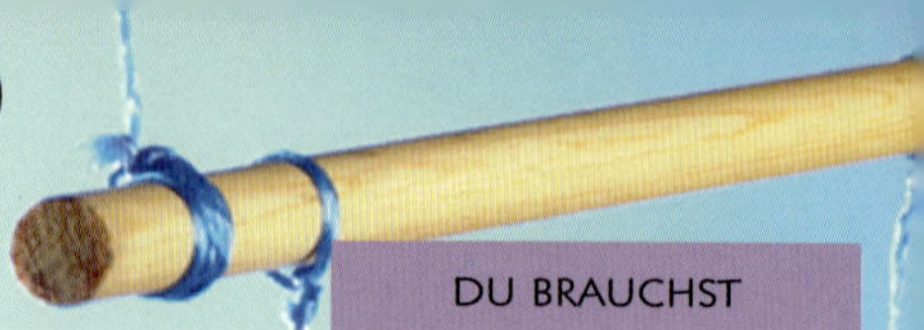

Unser Sonnensystem besteht aus der Sonne, acht Planeten und mindestens 140 Monden. Die Erde ist einer der kleineren Planeten. Das merkst du, wenn du dir das Mobile bastelst. Es zeigt die Größe der Planeten im Verhältnis zueinander. Die Sonne kannst du damit nicht darstellen, denn sie wäre bei diesem Maßstab zweimal so hoch wie dein Zimmer!

DU BRAUCHST

- Stift und Zirkel
- Reißzwecke und Schnur
- Faden
- 18 (verschiedenfarbige) Tonpapiere oder Pappen
- Lineal
- Schere
- 1,5 m lange Stange

Planet	Durchmesser
Merkur	1,5 cm
Venus	4 cm
Erde	4 cm
Mars	2 cm
Jupiter	47 cm
Saturn	39 cm
Uranus	16 cm
Neptun	15 cm
Pluto (Zwergplanet)	1 cm

Knote eine Schnur um einen Stift. Miss den halben Durchmesser auf der Schnur, befestige sie mit einer Reißzwecke und ziehe einen Kreis.

1 Für die Planeten kannst du anhand der Größentabelle mit einem Zirkel Kreise auf Pappe malen. Für die größeren Kreise brauchst du eine Reißzwecke und einen Faden. Zeichne für jeden Planeten zwei Kreise und schneide sie aus.

2 Ziehe jetzt in jedem Kreis eine Verbindungslinie zwischen Mitte und Rand und schneide den Kreis entlang dieser Linie ein (siehe unten). Stecke die Kreise paarweise zusammen.

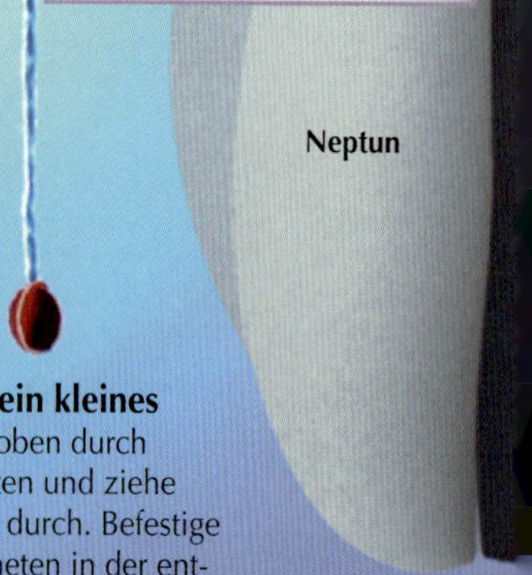

3 Stich ein kleines Loch oben durch jeden Planeten und ziehe einen Faden durch. Befestige nun die Planeten in der entsprechenden Reihenfolge der Tabelle an der Stange. Dieses Mobile zeigt dir die Größe der Planeten und wie sie angeordnet sind. Es sagt aber nicht, wie weit sie voneinander entfernt sind. Um dies maßstabsgetreu zu zeigen, müsste die Stange etwa 20 km lang sein!

PLANETENTYPEN

Es gibt drei Arten von Planeten. Die vier inneren bestehen aus Gestein und Metall, die vier Riesen sind flüssig und gasförmig. Pluto ist aus Eis und Gestein.

Merkur ▶
Tiefe Krater durchziehen diesen Ball aus Stein und Eisen. Tagsüber ist es glühend heiß, nachts eiskalt.

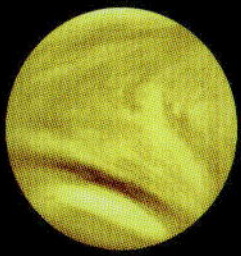

◀ Venus
In Größe und Aufbau der Erde vergleichbar, besitzt die heißere Venus eine giftige Atmosphäre.

Erde ▶
Die Erde ist der einzige uns bekannte Planet, auf dem es Wasser in flüssiger Form und Leben gibt.

◀ Mars
Heute eine kalte, rostbedeckte Wüste, doch früher besaß Mars vermutlich Wasser.

Jupiter ▶
Der mit Abstand größte Planet hat keine feste Oberfläche und mehr als 60 Monde.

◀ Saturn
Saturn ist leichter als Jupiter und hat herrliche Ringe und verschwommene Bänder.

Uranus ▶
Auf diesem blaugrünen Giganten gibt es Nebelwolken. Seltsamerweise dreht er sich auf der Seite.

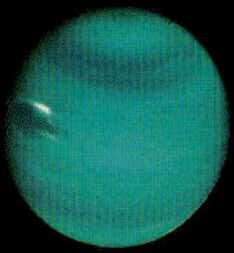

◀ Neptun
Unvorstellbar heftige Stürme toben über diesen tiefblauen Planeten.

Pluto ▶
Seit 2006 zählt Pluto nicht mehr zu den Planeten. Der Eis- und Gesteinsball ist einer von vielen Zwegplaneten am Rand des Sonnensystems.

GEBURT DES SONNENSYSTEMS

Vor 5 Milliarden Jahren entstand aus einer riesigen Wolke aus Gas und Staub unser Sonnensystem. Teile der Wolke fielen unter ihrer eigenen Schwerkraft zusammen. Eine rotierende Scheibe bildete sich. Der Mittelpunkt der Scheibe begann als Sonne zu leuchten. Die übrigen Trümmer ballten sich zu Planeten und Monden zusammen.

Bildung eines Planetensystems um einen Stern

Immer rundherum

Die Planeten umkreisen die Sonne auf Umlaufbahnen (Orbits). Dabei ziehen sie keine perfekten Kreise, sondern Ovale. Man nennt sie Ellipsen. Die Umlaufbahnen der meisten Planeten sind nur leicht elliptisch geformt. Die Bahn des Zwegplaneten Pluto aber ist so ausgeprägt, dass sie Neptuns Bahn kreuzt. Am besten kannst du das nachvollziehen, wenn du mit Stift und Schnur Ellipsen auf ein Blatt Papier malst.

DU BRAUCHST

- Großes Blatt Papier (DIN A3 oder größer)
- Große Holzplatte oder Pinnwand
- Bunte Reißzwecken oder Pinnadeln
- Lineal
- Schnur
- Stifte (rot und blau)
- Schere

UM DIE SONNE HERUM

Planeten kreisen um die Sonne, weil sie auf ihrem Weg durch den Weltraum von der Schwerkraft der Sonne angezogen werden. Könnte man die Schwerkraft abschalten, würden die Planeten auf gerader Linie durch den Weltraum fliegen. Du kannst diesen Effekt nachahmen, indem du ein kleines Gewicht an einer Schnur befestigst und herumschwingst. Die feste Schnur wirkt wie die Schwerkraft der Sonne. Lässt du die Schnur los, fliegt das Gewicht davon. Wirbelst du nicht schnell genug, fällt es herunter. Nur weil die Planeten sich bewegen, fallen sie nicht in die Sonne hinein.

Umlaufbahnen ▲
Die meisten Planeten umkreisen die Sonne etwa auf der gleichen Ebene. Der Zwergplanet Pluto nicht: Sein Orbit (die äußerste Umlaufbahn im Hintergrund des Bildes) weicht um etwa 10° von den übrigen ab.

Plutos Umlaufbahn ist größer und stärker elliptisch als Neptuns.

1 **Drücke zwei Pinnnadeln** in ein großes Blatt Papier auf einer Holzplatte. Platziere die erste in der Mitte des Blattes – das ist die Sonne. Genau 8 cm links davon soll die zweite sitzen – sie hilft dir beim Zeichnen von Plutos elliptischer Umlaufbahn.

2 **Knote dir jetzt** aus zwei Stück Schnur zwei verschieden lange Schlingen. Die erste soll straff gespannt 14 cm lang sein. Ziehe den Knoten erst nur locker an, kontrolliere mit dem Lineal, bis die Schlinge genau die richtige Länge hat und ziehe dann fest. Wiederhole den Vorgang für die zweite Schlinge, die gestrafft 19 cm lang sein soll.

SATELLITEN IN DER UMLAUFBAHN

Satelliten überwachen das Wetter, leiten Telefon- und Fernsehsignale weiter und fotografieren die Erde. Die Geschwindigkeit eines Satelliten hängt von seinem Abstand zur Erde ab – je näher er ist, desto schneller muss er fliegen, um die Erdanziehungskraft zu überwinden. Bei einer Höhe von 35 790 km braucht ein Satellit 24 Stunden für eine Erdumrundung. Damit ist er genauso schnell wie die Erde und bleibt deshalb immer an der gleichen Stelle über unserem Planeten.

Ein Kommunikationssatellit

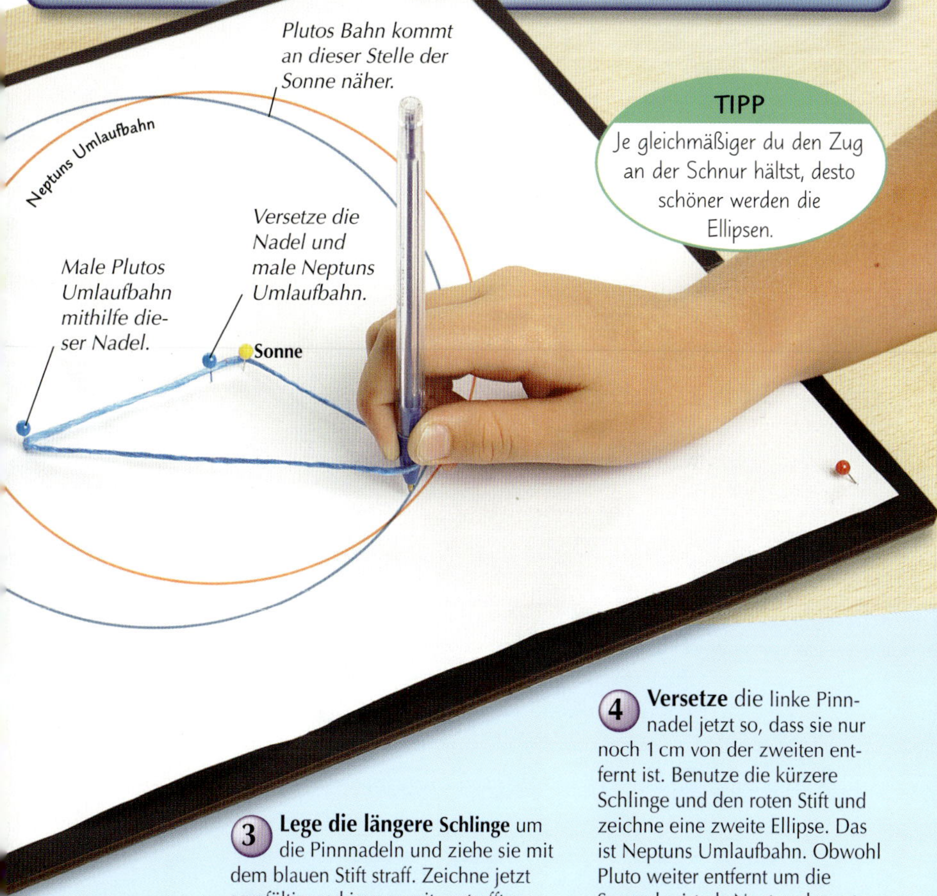

TIPP

Je gleichmäßiger du den Zug an der Schnur hältst, desto schöner werden die Ellipsen.

3 **Lege die längere Schlinge** um die Pinnadeln und ziehe sie mit dem blauen Stift straff. Zeichne jetzt sorgfältig und immer mit gestraffter Schnur um die beiden Pinnadeln herum. Beschrifte die entstandene blaue Ellipse: Das ist Plutos Umlaufbahn.

4 **Versetze** die linke Pinnnadel jetzt so, dass sie nur noch 1 cm von der zweiten entfernt ist. Benutze die kürzere Schlinge und den roten Stift und zeichne eine zweite Ellipse. Das ist Neptuns Umlaufbahn. Obwohl Pluto weiter entfernt um die Sonne kreist als Neptun, kreuzt er dessen Bahn zeitweise und Pluto kommt der Sonne dann näher als Neptun.

Sonnenflecken

Die Sonne strahlt unglaublich hell und du darfst niemals direkt hineinschauen. Ein sicheres Abbild schaffst du dir mithilfe eines Fernglases und einer Pappleinwand. Damit kannst du Planeten an der Sonne vorbeiziehen sehen (Transit), Sonnenfinsternisse beobachten (siehe Seite 18–19) und nach Sonnenflecken suchen.

Befestige das Fernglas sicher mit Büchern.

DU BRAUCHST

- 2 große Pappen
- Fernglas
- Schere
- Papier
- Klebeband
- Stift

Schau NIE direkt in die Sonne, auch nicht durch ein Teleskop, Fernglas oder in einem Spiegel!

WAS SIND SONNENFLECKEN?

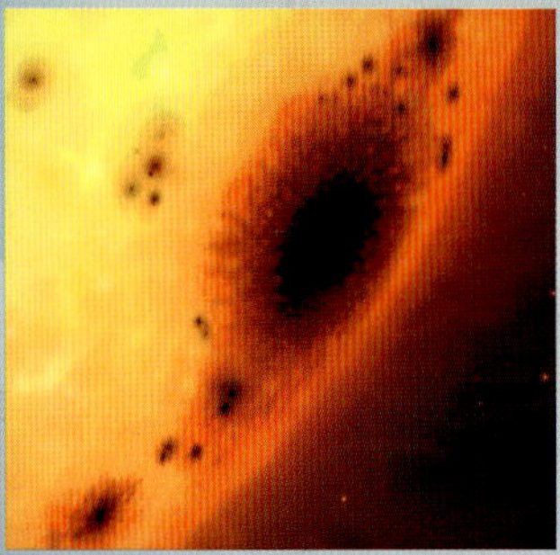

Sonnenflecken sind dunkle, etwas kühlere Stellen auf der Sonnenoberfläche. Sie sehen auf deinem Fernglasbild vielleicht klein aus, aber sie könnten die Erde verschlucken. Durch die Beobachtung von Sonnenflecken haben Astronomen herausgefunden, dass die Sonne sich nicht wie ein fester Körper dreht, sondern dass die Pole 35 Tage für eine Umdrehung brauchen, der Äquator aber nur 25.

◂ **Sonnenflecken an der Oberfläche**

RIESENKUGEL AUS GAS

Die Sonne ist kein Feuerball, sondern eine gigantische Gaskugel, die überwiegend aus glühend heißem Wasserstoff besteht. Ihre Kraft ergibt sich aus ihrem Gewicht. Sie enthält 99,9 Prozent aller Materie des Sonnensystems. Diese Masse verdichtet sich im Kern so stark, dass Atomkerne miteinander verschmelzen und Energie in Form von Hitze, Licht, Radioaktivität und gewaltigen Ausbrüchen freisetzt.

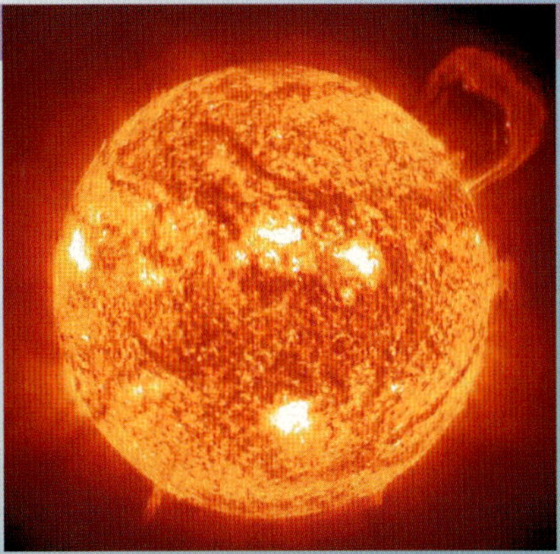

Sonnensturm ▶
Eine glühend heiße Gaszunge bricht aus der Sonne hervor. Alle 11 Jahre treten die durch magnetische Aktivität verursachten Sonnenflecken besonders gehäuft auf.

1 **Schneide** in die eine Pappe zwei Löcher, in die du das Fernglas steckst. Damit das Sonnenlicht nur durch eine Linse fällt, decke die andere mit einer Kappe oder einem Stück Pappe ab. Befestige dann das Fernglasschild mithilfe von Büchern sicher auf einem Stuhl.

2 **Stelle die andere Pappe** im Schatten des Fernglases etwa 1 m weit entfernt als Leinwand auf. Bewege das Fernglas hin und her, bis ein Bild der Sonne auf der Pappe erscheint. Das Bild wird schärfer, wenn du das Fernglas einstellst.

3 **Suche dunkle** Flecken auf dem Bild. Klebe ein Blatt Papier auf die Pappe und zeichne Sonne und Sonnenflecken ein. Wiederhole den Vorgang am nächsten Tag. Du wirst sehen, dass sie sich mit der Sonne drehen.

Wie spät ist es?

In 24 Stunden dreht sich die Erde einmal um sich selbst. Dabei scheint die Sonne am Tage über den Himmel zu wandern und nachts hinter dem Horizont zu verschwinden. Die Drehung der Erde ist so regelmäßig, dass du anhand der Sonne die Uhrzeit bestimmen kannst, am besten mit einer Sonnenuhr. Dieses Instrument gab es schon vor 6000 Jahren.

DU BRAUCHST

- Bleistift und Lineal
- Holzplatte
- Geodreieck
- Wasserfesten Stift
- Atlas
- Dünnes Holzplättchen
- Knete
- Holzklebstoff
- Kompass

Beim Zuschneiden der Holzplatte sollte dir ein Erwachsener helfen.

Ein Kompass verrät dir, ob die Sonnenuhr in die richtige Richtung zeigt.

Ausrichtung der Sonnenuhr
Stelle die Sonnenuhr im Freien auf einen geraden Untergrund. Richte den Bleistift nach Norden, wenn du auf der Nordhalbkugel lebst bzw. nach Süden, wenn du auf der Südhalbkugel bist. Werden in deinem Land die Uhren sommers und winters umgestellt, kann sich die Zeit um eine Stunde oder mehr unterscheiden.

Stundenmarkierungen

Holzplatte als Unterteil

1 **Ziehe** 2,5–5 cm von einer der Kanten eine gerade Linie und markiere ihre Mitte. Zeichne mit dem Geodreieck jeweils im Abstand von 15° strahlenförmige Linien, zunächst mit Bleistift, falls du einen Fehler machst, dann ziehe die Linien mit einem wasserfesten Stift nach. Trage die Uhrzeiten wie auf der Abbildung oben rechts ein. Hast du eine runde Platte, beginne in der Mitte und zeichne die Strahlen rundum wie auf einem Zifferblatt.

DIE ERSTEN ZEITMESSER

Schon die alten Ägypter nutzten den Schatten für Zeitangaben. Sie erfanden mit den Sonnenuhren die ersten Uhren der Welt. Jahrhundertelang verließ man sich auf sie, doch sie funktionieren nur bei Sonnenschein. Erst vor etwa 150 Jahren wurden mechanische Uhren entwickelt.

Hölzerne Sonnenuhr ▶
Manche Sonnenuhren besaßen einen Kompass, um schnell und leicht die Zeit ablesen zu können.

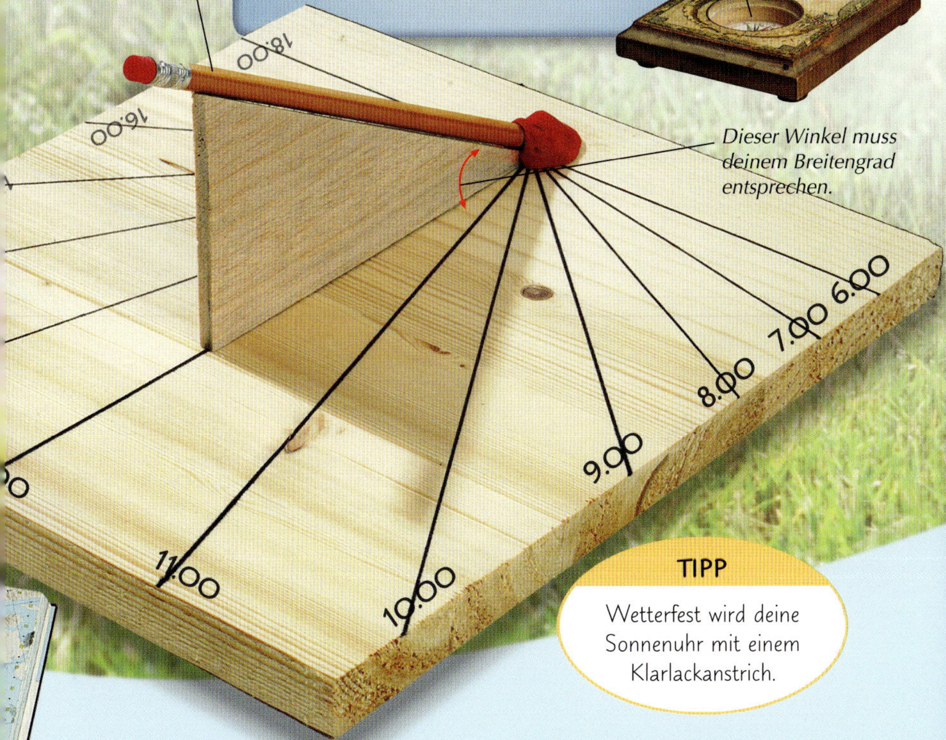

TIPP

Wetterfest wird deine Sonnenuhr mit einem Klarlackanstrich.

2 **Der Teil der Sonnenuhr**, der einen Schatten wirft, heißt „Gnomon“. Der Winkel unter dem Gnomon muss der gleiche wie dein Breitengrad sein (siehe Seite 56–57). Schlage im Atlas nach, auf welchem Breitengrad du lebst. Bitte einen Erwachsenen, dir das Holzplättchen als Dreieck im richtigen Winkel zuzuschneiden.

3 **Setze die Bleistiftspitze** auf den markierten Mittelpunkt deiner gezeichneten geraden Linie am Rand der Platte und befestige den Stift mit Knete. Setze das Holzdreieck so unter den Stift, dass eine Ecke ebenfalls von der Knete gehalten wird. Wenn alles passt, klebe das Dreieck auf der Platte fest und lass den Kleber trocknen.

Wenn es dunkel wird

Eines der erstaunlichsten astronomischen Ereignisse ist eine totale Sonnenfinsternis. Der Mond schiebt sich dann vor die Sonne und auf der Erde wird es dunkel. Während einer teilweisen (partiellen) Sonnenfinsternis „beißt“ der Mond lediglich ein Stück aus der Sonne heraus.

Diamantring
Kurz vor und nach einer totalen Sonnenfinsternis können die Sonnenstrahlen durch eines der Mondtäler fallen und diesen schönen „Diamantring“ erzeugen.

So funktioniert es

Eine Sonnenfinsternis ereignet sich dann, wenn der Mond sich direkt zwischen Sonne und Erde schiebt. Damit verdeckt er das Sonnenlicht und wirft einen Schatten auf die Erde. Wenn alles Sonnenlicht abgeschirmt wird, spricht man von einer totalen Sonnenfinsternis. Bei der partiellen Sonnenfinsternis, die viel häufiger vorkommt, wird die Sonne nur teilweise verdeckt.

Beobachte eine Finsternis nur geschützt

Sieh nie ohne eine spezielle Schutzbrille direkt in die Sonne! Sonnenbrillen oder selbst gemachte Filter sind nicht ausreichend. Beobachte nie eine teilweise Finsternis, die Übergangsstadien einer totalen Finsternis oder den „Diamantring“ mit bloßem Auge.

Frühe Stadien einer totalen Finsternis

Totalität

Erde

WICHTIG

Schau NIE direkt in die Sonne, auch nicht durch ein Teleskop, Fernglas oder in einem Spiegel!

TEILWEISE SONNENFINSTERNIS

Am besten betrachtet man eine Teilsonnenfinsternis durch eine so genannte Lochkamera, die ein Abbild der Sonne erzeugt. Schneide ein kleines rundes Loch in die kurze Seite eines Schuhkartons und klebe ein Stück Alufolie darüber. Mit einem Zirkel stichst du ein kleines Loch in die Folie. Auf der anderen Seite des Kartons schneidest du ein Viereck aus, worüber du Pauspapier klebst. Halte während der Finsternis den Karton mit der Lochseite der Sonne entgegen. Auf dem Papier erscheint ein Abbild der Sonne.

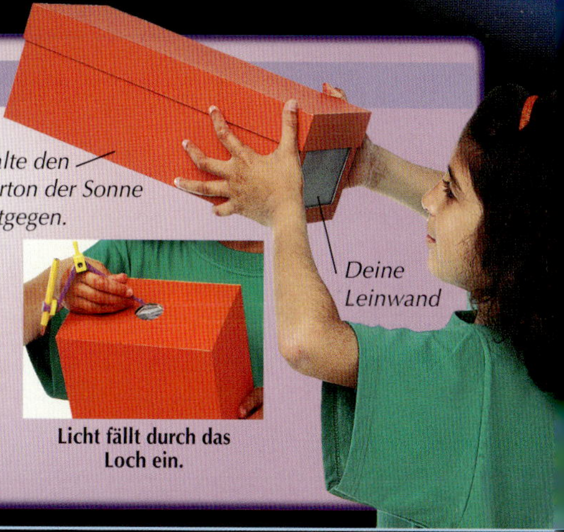

Licht fällt durch das Loch ein.

Spätere Stadien einer totalen Finsternis

Verlauf einer Finsternis

Bei einer totalen Finsternis braucht der Mond etwa eine Stunde, bis er die Sonne völlig verdeckt. Die Zeit, in der die Sonne ganz verdeckt wird, heißt Totalität und kann bis zu 7,5 Minuten dauern. Nur in diesen Minuten kannst du die äußerste Schicht der Sonnenatmosphäre, die strahlenkranzförmige Korona, sehen

Mondlandschaft

Der Mond ist der Himmelskörper, der der Erde am nächsten liegt und am besten zu sehen ist. Selbst mit bloßem Auge erkennt man die dunkleren Mondmeere (große Lavaflächen) und helleren Gebirge. Mit einem Fernglas oder Teleskop sieht man noch mehr.

NARBIGE OBERFLÄCHE

Das Hochland des Mondes ist von Kratern übersät, die durch Meteoriteneinschläge entstanden, die dunkleren „Meere" weisen nur wenige Krater auf. Die Astronomen glauben, dass die meisten aus sehr früher Zeit stammen, als auch die Erde von Meteoriten bombardiert wurde. Bei uns wurden die Krater aber durch Wind und Wetter geglättet. Auf dem Mond stieg Lava aus dem Mondinnern hervor und füllte die tiefer gelegenen Krater, wodurch die so genannten Meere (lat.: *Maria*) entstanden.

Ein großer Mondkrater mit kleinen Hügeln

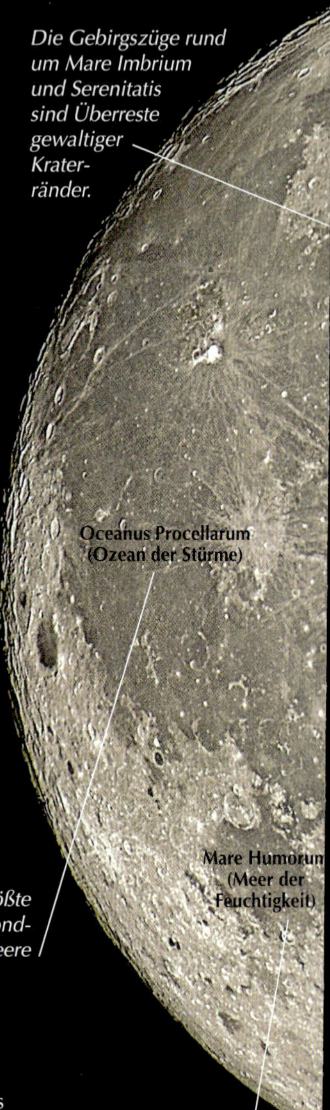

Beste Beobachtungszeit des Mondes

Vollmond ist ungünstig für die Beobachtung des Mondes. Alle anderen Zeiten sind besser geeignet, da das Sonnenlicht dann seitlich auf den Mond fällt und Gebirge und Kraterränder Schatten auf die Oberfläche werfen. Am besten ist die Mondlandschaft in der Nähe des Terminators zu sehen. Das ist die Grenze zwischen der angestrahlten und der dunklen Seite. Der Terminator zieht im Laufe eines Monats über den Mond (siehe Seite 22–23), so kannst du immer andere Dinge beobachten.

SELBST GEMACHTE KRATER

Der Mond ist von so vielen Meteoriten getroffen worden, dass die Krater teilweise ineinander übergehen oder in noch älteren Kratern liegen. Mit einer Schale voll glatt gestrichenem Sand und „Meteoriten“ verschiedener Größe (Bälle, Murmeln), die du hineinfallen lässt, schaffst du eine Kraterlandschaft.

Deine eigenen Krater

Landeplatz von Apollo 11, wo Menschen zum ersten Mal den Mond betraten

Die Strahlen um Tycho bestehen aus Gesteinstrümmern, die beim Aufprall des Meteoriten herausgeschleudert wurden. Sie sind am besten bei Vollmond zu sehen.

Ein Mondkalender

Anders als die Sonne strahlt der Mond selbst kein Licht aus. Wir können den Mond daher nur sehen, wenn er das Sonnenlicht zurückwirft – wie ein gewaltiger Spiegel. Da der Mond die Erde innerhalb eines Monats einmal umkreist, sehen wir ihn in verschiedenen Winkeln zur Sonne. Er verändert sich von einer schmalen Sichel zu einer runden Scheibe. Das nennt man Mondphasen. Wenn du den Mond einen Monat lang jeden Tag beobachtest, kannst du die einzelnen Phasen aufzeichnen.

DU BRAUCHST

- Stift
- Großes weißes Papier
- Zirkel
- Schwarzes Papier
- Schere
- Klebstoff
- Alufolie
- Fernglas

1 **Zeichne** auf das weiße Papier 4 Linien untereinander und 6 Linien nebeneinander. Du erhältst von links nach rechts 7 Kästchen und von oben nach unten 5. Schneide 29 schwarze Kreise aus und klebe sie auf (siehe rechts).

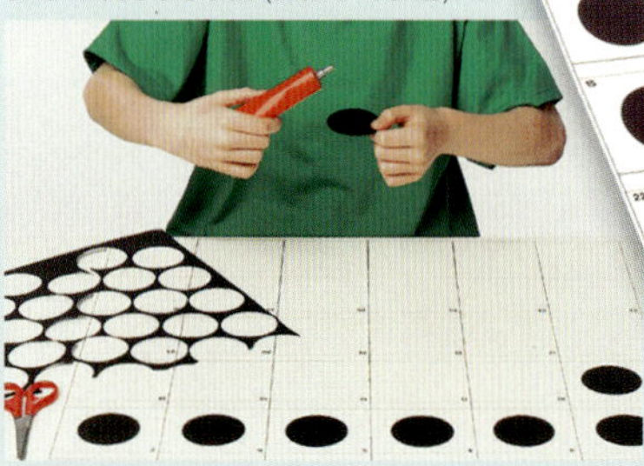

Schreibe die Zahlen von 1 bis 29 in die Kästchen.

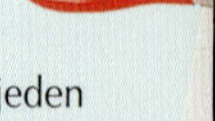

2 **Warte auf eine klare Nacht**, wenn der Mond gut sichtbar ist. Ein Fernglas ist hilfreich, aber nicht unbedingt notwendig, um die Form des Mondes zu erkennen. Schneide dessen Form dann aus der Alufolie aus und klebe sie auf den ersten schwarzen Kreis.

3 **Wiederhole** das einen Monat lang jeden Tag. In der Zeitung steht, wann der Mond täglich auf- und untergeht. Einige Nächte werden wolkig sein, dann lass sie aus.

DIE MONDPHASEN

Bei Neumond steht der Mond zwischen Sonne und Erde. Auch bei Tag zieht er über den Himmel, aber wegen der hellen Sonnenstrahlen können wir ihn nicht sehen und nur die uns abgewandte Seite ist beleuchtet. In den folgenden Tagen bewegt sich der Mond von der Sonne weg. Nach Sonnenuntergang steht dann eine Sichel am Himmel. Bei Halbmond hat der Mond das erste Viertel seiner Erdumrundung geschafft und kann von mittags bis Mitternacht beobachtet werden. Je größer die helle Seite des Mondes wird (er nimmt zu), desto länger sehen wir den Mond nachts. Auf der Hälfte seines Weges steht er der Sonne gegenüber und wird voll angestrahlt – dann haben wir Vollmond.

Monddetektiv
Am besten erkundest du den Mond an der wandernden Linie zwischen der hellen und der dunklen Seite – dem Terminator. Mit einem Fernglas wirst du immer wieder neue Dinge erkennen, da sich der Winkel, in dem das Sonnenlicht auf die Mondoberfläche trifft, verändert.

Mond im Schatten

Eine Mondfinsternis tritt auf, wenn der Mond durch den Erdschatten wandert. Dies geschieht vielleicht ein- oder zweimal im Jahr. Es macht immer wieder Spaß dabei zuzusehen, denn jede Finsternis ist anders. Für die Augen ist es ungefährlich. Du brauchst nur einen Platz, von wo aus du den Mond gut sehen kannst.

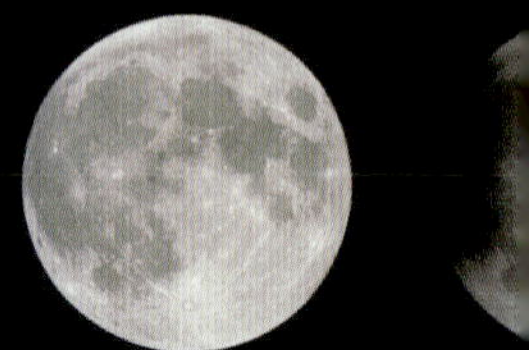

Mond im Halbschatten

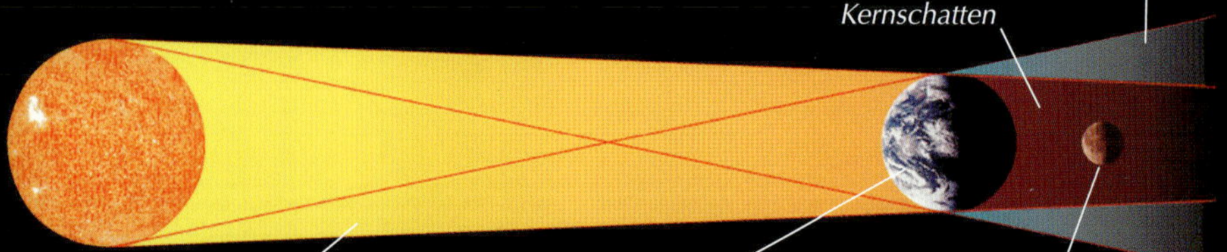

So funktioniert's ▲
Eine Mondfinsternis tritt nur bei Vollmond auf, wenn die Erde sich zwischen Sonne und Mond befindet und dieser sich dem Erdschatten nähert. Der Erdschatten besteht aus zwei Teilen: einer äußeren, helleren Zone, Halbschatten genannt, und einer inneren Zone, dem Kernschatten, in der das Sonnenlicht völlig verdeckt wird. Bei einer totalen Mondfinsternis wandert der ganze Mond durch den Kernschatten. Zieht nur ein Teil des Mondes durch den Kernschatten, entsteht eine teilweise Finsternis.

◂ Finsternisbeobachtung
Du brauchst keine besondere Ausrüstung dafür, aber mit einem Fernglas oder einem guten Teleskop kannst du mehr Einzelheiten erkennen. Eine totale Mondfinsternis ist am interessantesten, aber sie tritt nicht jedes Jahr auf. Im Internet kannst du herausfinden, wann die nächste in deiner Nähe stattfindet.

Der Mond tritt in den Kernschatten ein. **Der Mond nähert sich der Totalität.**

Stadien einer Finsternis

Die eigentliche Finsternis beginnt, wenn der Mond in den Kernschatten tritt. Ein dunkler Schatten erscheint auf einer Seite des Mondes und kriecht langsam über ihn hinweg. Gleichzeitig wird das Mondlicht schwächer und der Himmel dunkler. Der Mond sieht anders aus als bei normalem abnehmenden Mond, der Schatten ist viel weniger gebogen. Wenn der Schatten ganz auf den Mond fällt und ihn völlig verfinstert, bleibt der Mond dennoch schwach sichtbar. Die Totalität kann bis zu 1 Stunde und 47 Minuten dauern. Anschließend werden die Stadien der Finsternis in umgekehrter Reihenfolge durchlaufen.

WARUM IST DER MOND NIE GANZ WEG?

Mit diesem Versuch kannst du herausfinden, warum der Mond bei einer Finsternis nie ganz verschwindet. Stelle einen Ball, einen Globus und eine Schreibtischlampe hintereinander in einem dunklen Raum auf. Der Globus ist die Erde und der Ball der Mond. Schalte das Licht an und setze den Ball in den Erdschatten. Dann mische dir eine „Atmosphäre“: Gib einen Teelöffel Milch in eine durchsichtige Plastikflasche und fülle sie mit Wasser auf. Halte die Flasche über die „Erde“ und sieh dir den „Mond“ an. Das milchige Wasser streut das Licht und wirft einen rötlichen Schein darauf, obwohl er im Erdschatten liegt.

Der Ball soll der Mond sein.

Das milchige Wasser stellt die Erdatmosphäre dar.

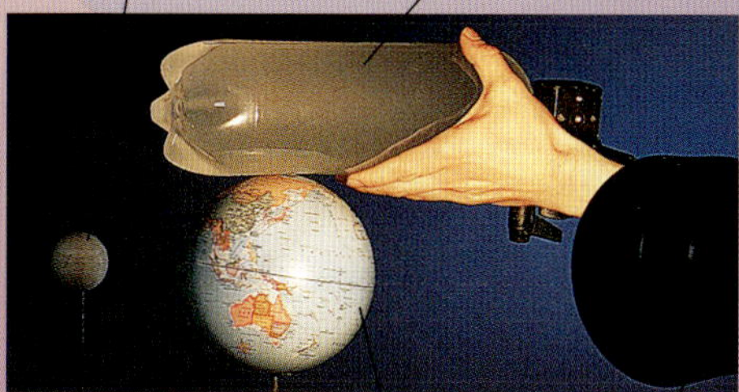

Der Globus hält das Licht ab und wirft einen Schatten.

Schreibtischlampe

Totalität

Am interessantesten an einer Mondfinsternis ist die Totalität, wenn der Mond vollständig im Kernschatten liegt. Der Mond kann rötlich schimmern, weil Sonnenlicht durch die Erdatmosphäre gestreut wird. Sterne und Milchstraße sind in dieser Zeit auch sehr gut zu erkennen.

Fluchtgeschwindigkeit

Je schneller ein Objekt sich bewegt, desto schwieriger ist es zu stoppen. Dieses Prinzip bestimmt auch die Bewegungen von Planeten und allen anderen Himmelskörpern, die sich außerdem gegenseitig anziehen. Mit einem Magneten und Metallkugeln kannst du untersuchen, wie man mit Geschwindigkeit Anziehungskräfte überwindet.

DU BRAUCHST

- Schere
- Schachtel
- Pappe
- Knete
- Flachen Magneten
- Kleine Stahlkugeln
- Großen Magneten

1. **Schneide einen Streifen** von 30 cm Länge und 6 cm Breite aus der Pappe und falte ihn einmal der Länge nach.

2. **Befestige ein Ende** der Pappe mit Knete an einer aufgestellten Schachtel, sodass eine Rampe entsteht. Lege einen flachen Magneten unter das Ende der Rampe.

3. **Lass die Stahlkugeln** zunächst bei sanft geneigter Steigung die Rampe hinunterrollen und richte die Rampe dann immer stärker auf. Finde heraus, wie steil der Winkel sein muss, damit die Kugeln nicht mehr am Magneten hängen bleiben, sondern darüber hinausrollen.

Die Geschwindigkeit der Kugeln entscheidet darüber, ob sie am Magneten hängen bleiben oder dem Magnetfeld entkommen.

DIE MACHT DER SCHWERKRAFT

Die Schwerkraft (Gravitation) ist eine unsichtbare Kraft, die bewirkt, dass sich alle Objekte im Universum gegenseitig anziehen. Schwere Objekte wie Planeten besitzen eine starke Schwerkraft. Sie funktioniert genau wie der Magnet im Experiment und fängt vorbeifliegende kleinere Objekte ein. Langsame Körper schlagen auf die Oberfläche auf oder werden als Monde in einer Umlaufbahn gehalten. Schnellere Objekte rasen vorbei, doch ihre Bahn kann verändert und sogar beschleunigt werden.

◂ **Wuchtiger Aufprall**
Ein massiver Asteroid erliegt der Schwerkraft und prallt auf die Erde. So ein Zusammenstoß hat vermutlich zum Aussterben der Dinosaurier geführt.

Verändere den Rampenwinkel und damit die Geschwindigkeit der Kugel.

TIPP

Drehe den Magneten in Längsrichtung, wenn die Kugeln immer wegrollen.

Umgedrehter Kühlschrankmagnet

4 **Entferne den flachen Magneten** und sieh, wohin die Kugel ohne Hindernis rollt. Platziere dann einen starken Magneten seitlich unten an der Rampe. Beobachte, wie die Magnetkraft den Verlauf der Kugel beeinflusst. Wahrscheinlich musst du etwas probieren, bis du merkst, wo der Magnet liegen muss, damit er eine Wirkung auf die Kugel zeigt, sie aber nicht einfängt.

Benutze einen starken Magneten, um den Weg der Kugel abzulenken.

AUF, AUF UND DAVON!

Genau wie die Kugeln in unserem Experiment eine gewisse Geschwindigkeit erreichen müssen, um dem Magneten zu entkommen, so überwindet auch ein Raumfahrzeug die Erdanziehungskraft nur mit der so genannten Fluchtgeschwindigkeit. Sie beträgt an der Erdoberfläche 40 000 km/h. Alles, was langsamer nach oben steigt, fällt wieder herunter. Leistungsstarke Raketen sind nötig, damit ein Raumfahrzeug auf die Fluchtgeschwindigkeit beschleunigt werden kann. Allerdings streben die meisten Raketen nur die Orbitalgeschwindigkeit an, mit der Satelliten oder andere Lasten in eine Erdumlaufbahn gebracht werden.

Ariane 5 ▶
Die europäische Rakete *Ariane 5* ist mit zwei Haupttriebwerken und zwei Boostern ausgestattet. Sie befördert meist Raumsonden und Satelliten ins All.

Klar zum Start

Beim Start einer Rakete wird Treibstoff verbrannt. Die dabei entstehenden Gase werden nach unten ausgestoßen. Mit gleicher Kraft schießt die Rakete nach oben ins Weltall. Auf die Art fliegt auch ein Luftballon hoch, wenn du die Luft entweichen lässt. Mit zwei Ballons hast du das einfache Modell einer Zweistufenrakete.

DU BRAUCHST

- Plastikbecher
- Schere
- Langen Luftballon
- Runden Luftballon
- Klebeband

STUFENRAKETEN

Beim Start kann eine Rakete mehrere tausend Tonnen wiegen, was fast ausschließlich am Treibstoff an Bord liegt. Es wird große Kraft benötigt, um so ein großes Gewicht abheben und bis ins All befördern zu lassen. Deshalb bestehen Raketen aus zwei oder drei Antriebsstufen, die hintereinander gezündet werden. Ist der Treibstoff in einer Stufe verbrannt, so wird diese abgetrennt. Mit jedem abgeworfenen Teil wird die Rakete leichter. Nur die Spitze der Rakete erreicht schließlich den Weltraum.

◂Abgesprengt Wenn eine Stufe ausgebrannt ist, wird sie von der Rakete abgesprengt. Die Explosion zündet die nächste Stufe.

Halte die Rakete nach oben, bevor du sie starten lässt.

Nimm einen möglichst langen Ballon.

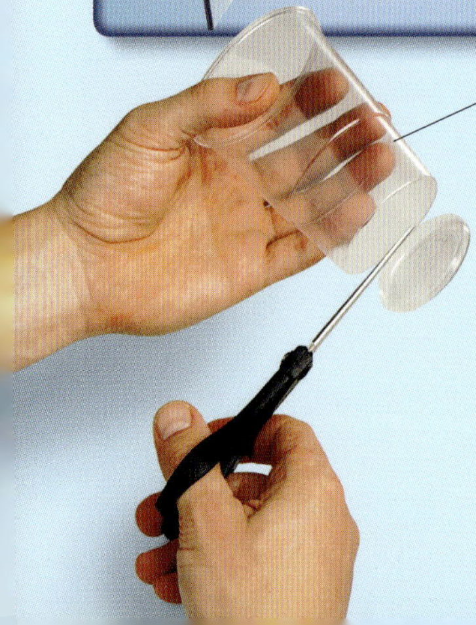

Bitte einen Erwachsenen, dir beim Abschneiden des Deckelbodens zu helfen.

1 Schneide vorsichtig den Boden eines Plastikbechers ab. Blase den langen Ballon etwas auf und ziehe das offene Ende durch den Deckelboden.

2 Blase den langen Ballon jetzt stärker auf, aber nicht zu prall. Ziehe das Ende über den Deckelrand und klebe es fest.

RAKETEN DER ZUKUNFT

Raketen führen zwei Arten von Treibstoff mit sich: flüssigen Wasserstoff und flüssigen Sauerstoff. Von beidem sind hunderte von Tonnen nötig, was die Rakete nicht nur sehr schwer macht, sondern auch teuer. Ingenieure versuchen deshalb eine Rakete mit Düsentriebwerk zu entwickeln, das Sauerstoff aus der Luft ansaugt, statt ihn mitzuführen. Ein solches Raumschiff wäre leichter und besser zu lenken als normale Raketen. Vielleicht könnten damit sogar Touristen einen Ausflug ins All machen.

▲Express
So könnte eine neuartige Rakete mit Düsenantrieb aussehen.

TIPP

Führe die Rakete an einem Nylonfaden entlang (siehe Buchrückseite).

Der lange Ballon ist die zweite Stufe der Rakete.

Der kleine Ballon ist die erste Stufe und hält das Ende des langen Ballons fest geschlossen.

Klebe das Ende des langen Ballons erst einmal fest.

3 **Drücke den runden Ballon** in den Becherboden und blase ihn so prall auf, dass er den ersten Ballon festhält. Entferne den Klebestreifen. Nun kannst du den Ballon loslassen und deine Rakete startet.

Entdecke die Venus

Der einzelne helle Stern, der oft am Abend bei Sonnenuntergang erscheint, ist überhaupt kein Stern, sondern der Planet Venus. Er liegt der Erde am nächsten und ist nach dem Mond der hellste Körper am Nachthimmel. Das von einer dichten Wolkendecke zurückgeworfene Sonnenlicht lässt die Venus 15-mal heller erstrahlen als den hellsten Stern.

SCHWESTER DER ERDE

Von allen Planeten ähnelt Venus der Erde am meisten. Sie hat etwa die gleiche Größe, eine ähnliche Zusammensetzung und eine wolkige Atmosphäre. Doch anders als die Erde ist die Venus eine kochend heiße, wasserlose Wüste, viel zu heiß für Leben – die Oberflächentemperatur beträgt 482 °C. Der Grund dafür liegt zum einen in der größeren Nähe zur Sonne, zum anderen in der dichten, kohlendioxidreichen Atmosphäre, die einen „Treibhauseffekt" erzeugt.

◂ **Durch die Wolken**
Die Venus ist von Wolken bedeckt, doch Radarkameras können hindurchsehen. Dieses Bild zeigt Vulkane, Täler und alte Lavaströme.

1 **Gehe** an einem klaren Abend direkt nach Sonnenuntergang hinaus und schau nach Westen, in Richtung der untergegangenen Sonne. Oder stehe noch vor Sonnenaufgang auf und suche den Himmel im Osten ab. Wenn du einen einzelnen, sehr hellen „Stern" entdeckst, der nicht blinkt, ist es wahrscheinlich die Venus. Sie steht immer nahe der Sonne.

AUF DER OBERFLÄCHE

Manche nennen die Venus „Hölle des Sonnensystems". Die Wolken bestehen aus tödlicher Schwefelsäure, die Luft ist so heiß, dass man Blei schmelzen könnte, und der Luftdruck ist 90-mal so hoch wie auf der Erde. Du wärst innerhalb von Sekunden vergiftet, gegrillt und zerquetscht. Die wenigen Raumsonden, die bisher auf der Venus landeten, überstanden nur wenige Minuten.

Berge auf der Venus ▲
Dieses 3-D-Bild von der Oberfläche der Venus wurde mithilfe von Radaraufnahmen erstellt. Einige Berge könnten Vulkane sein.

2 **Beobachte die Venus** mit einem Fernglas. Du wirst keine Einzelheiten auf der Oberfläche entdecken können, denn der Planet ist mit dichten Wolken verhangen. Aber genau wie der Mond sieht auch die Venus nicht immer gleich aus. Manchmal zeigt sie eine Sichelform. So wirkt sie am größten. Voll angestrahlt wird sie dir kleiner vorkommen, weil sie dann am weitesten von der Erde entfernt ist.

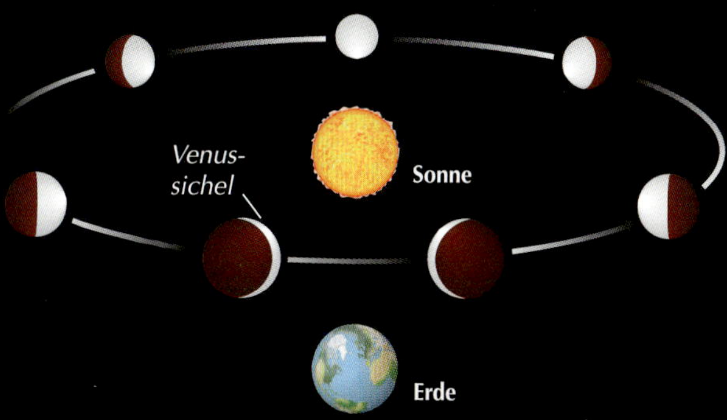

Verschiedene Phasen

Das Aussehen der Venus verändert sich, weil sie sich um die Sonne dreht. Wenn sie der Erde am nächsten ist, sehen wir sie als Sichel. Ist sie am weitesten entfernt, erkennen wir eine kleine Scheibe und auf halbem Weg zwischen diesen Punkten einen Halbkreis. Liegt sie mit der Sonne auf gleicher Linie, ist sie wegen des starken Sonnenscheins nicht mehr sichtbar.

Warum ist der Mars rot?

Die alten Griechen benannten den Planeten Mars nach ihrem Kriegsgott, denn seine Farbe erinnerte sie an Blut. Selbst mit bloßem Auge kannst du ihn erkennen, wenn der Mars nahe der Erde vorbeizieht, obwohl es sich eher um ein Orange-Braun als um Rot handelt. Der Grund dafür liegt in einem vertrauten Stoff: Eisenoxid oder Rost.

DU BRAUCHST

- Sand
- Schale
- Schutzhandschuhe
- Schere
- Stahlwolle
- Krug mit Salzwasser (1 Teelöffel Salz auf 2 oder 3 Tassen Wasser)

1997 landete der Sojourner-*Rover auf dem Mars und untersuchte Gesteinsproben.*

Das Eisenoxid im Marsstaub verleiht dem Planeten seine Farbe.

SPUREN VON WASSER?

Vielleicht hat es vor über 3 Milliarden Jahren Wasser auf dem Mars gegeben. Er könnte von flachen Ozeanen, einer dichten Atmosphäre und sogar Leben bedeckt gewesen sein. Heute ist der Mars eine eisigkalte Wüste mit einer so dünnen Luft, dass flüssiges Wasser innerhalb von Sekunden verdampft. Doch es gibt Anhaltspunkte dafür, dass es noch immer Wasser gibt, wahrscheinlich in gefrorener Form tief unter der Oberfläche oder in den Eiskappen der Marspole. Raumsonden haben Bilder von Abflusskanälen aufgenommen, die in jüngerer Zeit ausgewaschen wurden.

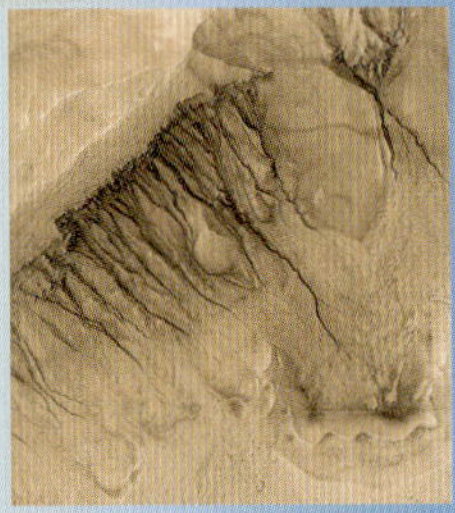

Newton-Krater

1. **Bedecke den Boden** der Schale mit einer Sandschicht. Ziehe die Schutzhandschuhe an und schneide die Stahlwolle in kleine Stücke. Ziehe die Fäden etwas auseinander, damit die Stahlwolle nicht klumpt, und verteile sie mit deinen behandschuhten Händen gut über den ganzen Sand und arbeite sie etwas ein.

DER ROTE PLANET

Die Wissenschaftler sind unsicher, wie das Eisenoxid auf dem Mars entstand. Auf der Erde bildet sich Rost, wenn Eisen mit Sauerstoff in der Luft reagiert – ein Prozess, der durch Wasser noch beschleunigt wird. Doch auf dem Mars gibt es kein flüssiges Wasser an der Oberfläche und die Luft enthält fast keinen Sauerstoff. Einige Experten glauben, das Eisenoxid entstand vor langer Zeit, als das Marsgestein mit dem Wasser in damals existierenden Flüssen und Seen reagierte.

Marswetter ▶
Dieses Bild vom Mars stammt vom Hubble-Weltraumteleskop. Es zeigt die Eiskappe am Südpol, wirbelnde Eiswolken im Norden und einen Sandsturm im Südosten.

TIPP
Rühre den Sand jeden Tag etwas um. Dann wird die Färbung gleichmäßiger.

2 **Gieße das Salzwasser** über den Sand und durchnässe ihn gut, ohne ihn vollständig zu bedecken. Lass die Schale einige Tage in Ruhe stehen.

3 **Schau jeden Tag nach** und gib Wasser hinzu, wenn der Sand austrocknet. Bald wird er eine rostrote Farbe annehmen.

Leben auf dem Mars?

1976 sandten Wissenschaftler zwei *Viking*-Raumsonden zum Mars, um den staubigen Boden auf Spuren von Mikroorganismen zu untersuchen. Diese Tests kannst du nachahmen, auch wenn du statt Marsstaub normalen Sand nehmen musst. Füge dem Sand Nährstoffe zu und schau, was passiert. Chemikalien im Sand reagieren schnell, aber nur kurz, lebende Zellen (wie Hefe) langsamer, aber dann immer schneller, je stärker sie sich vermehren.

DU BRAUCHST

- 3 Einweckgläser
- Trockenen Sand
- 3 farbige Aufkleber
- 3 Teelöffel
- Salz
- Backpulver
- Wasser
- Trockenhefe
- Zucker
- Glaskrug
- Essig

TIPP

Stelle die Gefäße auf ein Tablett oder eine alte Zeitung. Sie könnten überlaufen!

1 **Fülle die Einweckgläser** mit trockenem Sand und bringe die Aufkleber darauf an. Gib nun 2 Teelöffel Salz in das rote, 2 Teelöffel Backpulver in das gelbe und 2 Teelöffel Hefe in das blaue Gefäß. Nimm dafür jeweils einen sauberen Löffel. Rühre dann jede Sand-Pulver-Mischung sorgfältig um oder schüttle sie (mit einem Deckel oder deiner Hand darüber).

2 **Fülle zwei Tassen** warmes Wasser in den Glaskrug und löse eine halbe Tasse Zucker darin auf. Füge dann noch zwei Teelöffel Essig hinzu.

Sand mit Salz

3 **Gieße vorsichtig** eine jeweils gleiche Menge Zuckerwasser in die Gefäße. Schütte nicht zu schnell, sonst bildet sich Schaum und verdirbt das Experiment. Zeigt eine der Mischungen sofort eine Reaktion?

SUCHE NACH LEBENSZEICHEN

Die *Viking*-Sonden fanden keine eindeutigen Beweise für Leben auf dem Mars, doch die Suche geht weiter. Astronomen sind heute weitgehend sicher, dass es früher (und vielleicht noch heute) Wasser in flüssiger Form gegeben hat, eine der wichtigsten Voraussetzungen für Leben. 1996 fanden Wissenschaftler in einem Mars-Meteoriten etwas, was aussieht wie fossile Spuren von Bakterien.

Mars-Rover *Spirit* ▶
2004 landete dieses Roboterfahrzeug auf dem Mars und fand viele Anzeichen dafür, dass es früher Wasser auf dem Mars gegeben hat.

Sand mit Backpulver

Sand mit Hefe

4 **Schau** nach einer und nach zwei Stunden nach. Was für eine Reaktion würdest du erwarten, wenn lebende Organismen vorhanden wären?

Stürmisch

Der riesige Jupiter ist der größte aller Planeten, er wiegt mehr als doppelt so viel wie alle anderen zusammen. Er ist ein flüssiger, von Gaswirbeln bedeckter Ball. Heftige Stürme fegen über ihn hinweg und verteilen die Gase in farbigen Streifen und Strudeln. Mit Milch und Lebensmittelfarbe kannst du einen ähnlichen Effekt hervorzaubern.

DU BRAUCHST

- Große Schüssel
- Vollmilch
- Teelöffel
- Rote und gelbe Lebensmittelfarbe
- Spülmittel

Streifen und Punkte
Im oberen, frostigen Teil von Jupiters Atmosphäre sind die Gase zu streifenartigen Wolken kondensiert, bunt gefärbt von verschiedenen chemischen Stoffen. Punkte und Ovale sind Stürme. Jupiters „Auge", der Große Rote Fleck, ist ein Hurrikan, der zweimal so groß wie die Erde ist.

TIPP
Lass die Schüssel beim Schwenken auf dem Tisch ruhen und bewege sie langsam.

1 Gieße langsam und am Rand entlang eine halbe Tasse Vollmilch in eine große Schüssel, sodass sie nicht spritzt und keine Blasen entstehen. Lass die Milch dann eine Minute ruhig stehen.

2 Gib jetzt vorsichtig mit einem Teelöffel von jeder Lebensmittelfarbe einen Klecks auf die Oberfläche der Milch. Berühre die Milch nur sanft mit dem Löffel und rühre nicht um.

3 Schwenke die Schüssel vorsichtig im Kreis, bis Milch und Farben durcheinander wirbeln wie die bunten Wolken der Jupiterstürme. Mit etwas Übung gelingen dir immer bessere Stürme. Probiere mit verschiedenen Mengen von Farbe, aber schwenke die Schüssel nicht zu heftig.

***Voyager*-Raumsonde**

Erforschung des Jupiters

Astronauten könnten niemals auf dem Jupiter landen, denn der Planet ist von tödlicher Strahlung umgeben und besitzt keine feste Oberfläche. Doch fünf automatische Raumsonden wurden dorthin entsandt. Die beiden *Voyager*-Raumsonden schickten 1979 mehr als 33 000 Fotos und Filmaufnahmen der Wolken des Großen Roten Flecks.

4 **Wenn du** einen richtig wilden Sturm sehen willst, füge einen Tropfen Spülmittel hinzu. Dadurch verteilen sich die Farben noch besser.

WETTERDATEN

1995 flog ein Paket von der Größe eines kleinen Tischs an einem Fallschirm durch die Jupiter-Wolken. Diese Einzelkapsel der *Galileo*-Sonde trat mit einer Geschwindigkeit von 185 000 km/h in die Atmosphäre ein, wurde aber durch die „dicke Luft" abgebremst. Fast eine Stunde sandte sie Daten über die Atmosphäre, bevor sie Hitze und Druck zerstörten.

◂ **Die Kapsel der *Galileo***

Jupiter und seine Monde

Jupiter ist einer der hellsten Planeten, die von der Erde aus sichtbar sind. Mit einem guten Fernglas kannst du seine runde Form und die vier größten Monde erkennen. Mit einem Teleskop siehst du sogar die Streifen.

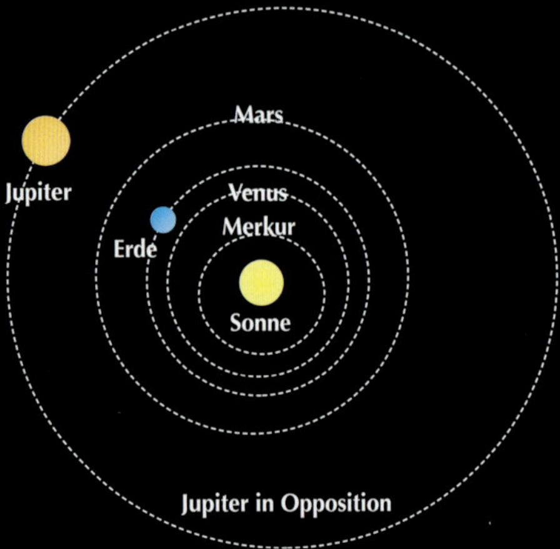

Aneinandergereiht
Es gibt manchmal außergewöhnliche Anordnungen von Planeten. Dann scheinen mehrere nebeneinander zu stehen, wie hier im Bild Jupiter (links), Mars (Mitte) und Venus (rechts). Planeten stehen aber nie genau in einer Reihe, weil ihre Bahnen nicht auf der gleichen Ebene verlaufen.

1 **Finde heraus**, wann Jupiter in „Opposition" steht, das heißt, er ist dann der Erde am nächsten und die Erde befindet sich genau zwischen Jupiter und Sonne. Vor und nach der Opposition ist der Planet über Wochen die ganze Nacht über zu sehen. Nach der Opposition steht er sogar so hoch am Abendhimmel, dass er leicht zu beobachten ist, ohne dass du bis spätnachts aufbleiben musst.

TIPP
Jupiter und andere Planeten erkennt man daran, dass sie nicht blinken.

Jupiter in Opposition	Sternbild, in dem er steht
6. Februar 2015	Krebs
8. März 2016	Löwe
7. April 2017	Jungfrau
8. Mai 2018	Waage
10. Juni 2019	Schlangenträger
14. Juli 2020	Schütze
19. August 2021	Steinbock
26. September 2022	Fische
2. November 2023	Widder

2 **Suche Jupiter** in dem Monat vor oder nach der Opposition. Stelle dich in einer klaren Nacht mithilfe eines Kompasses mit dem Gesicht nach Süden, wenn du dich auf der Nordhalbkugel befindest bzw. nach Norden, wenn du auf der Südhalbkugel bist. Anhand einer drehbaren Sternkarte (siehe Seite 44–45) findest du das entsprechende Sternbild aus der Tabelle links und suchst dort jetzt nach einem ungewöhnlich hellen und gelben „Stern", der nicht blinkt – das ist der Jupiter.

DU BRAUCHST

- Kompass
- Drehbare Sternkarte
- Fernglas

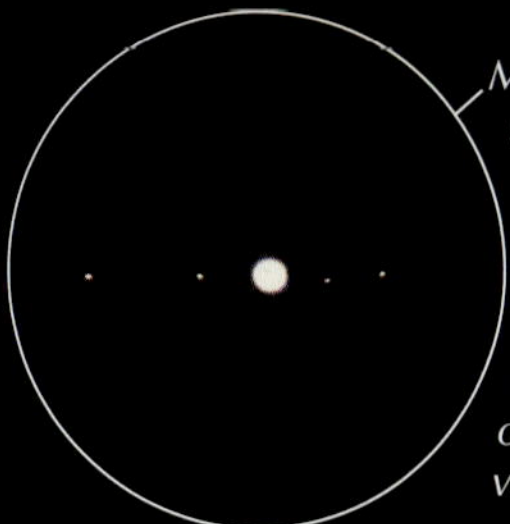

Mit dem Fernglas siehst du die vier größten Monde als kleine Lichtpünktchen. Beobachte sie in einer anderen Nacht und erkunde, ob sich ihre Stellung verändert hat.

3 **Beobachte Jupiter** mit dem Fernglas. Stütze deine Ellbogen auf eine feste Unterlage, dann hast du einen ruhigeren Blick. Erkennst du die vier größten Monde? Fehlt einer, kann er vor oder hinter Jupiter versteckt sein.

DIE VIER MONDE

Wahrscheinlich kreisen etwa 67 Monde um Jupiter, gefangen von der mächtigen Schwerkraft des Riesenplaneten. Viele sind Asteroiden, doch manche sind so groß, dass wir sie Planeten nennen würden, wenn sie die Sonne umkreisten. Die vier größten nennt man nach dem italienischen Astronomen Galilei die Galileischen Monde. Jupiter am nächsten ist Io, gefolgt von Europa, Ganymed und Kallisto. Je näher sie sich befinden, desto aktiver sind sie.

Europa ▶
Eisschichten bedecken diesen Mond, doch vielleicht liegt darunter versteckt ein Ozean aus Wasser, der auch einfachste Lebensformen enthalten könnte.

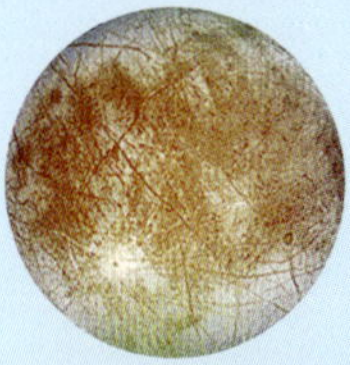

Io ▶
Io besitzt die höchste Vulkantätigkeit aller Körper im Sonnensystem. Seine Vulkane speien Schwefel und Gas weit hinaus ins All. Daher ändert sich auch ständig seine Farbe.

Kallisto ▶
Vor Milliarden von Jahren ging ein Meteoritenschauer auf diesem Mond nieder und übersäte seine Oberfläche mit Kratern. Seitdem scheint sich Kallisto nur wenig verändert zu haben. Wie Europa besitzt auch dieser Mond vielleicht einen unterirdischen Ozean.

Ganymed ▶
Der von Eis und Gestein bedeckte Ganymed ist der größte Jupitermond. Die weißen Narben weisen auf große innere Spannungen hin. Auf Ganymed sind Berge, Täler und erstarrte Lavaströme zu erkennen.

Saturns Ringe

Der Saturn ist fast zehnmal so groß wie die Erde, doch er dreht sich mehr als doppelt so schnell. Dadurch wölbt sich sein Äquator nach außen, was Saturn seine abgeflachte Form verleiht. Die Kraft, die für diese Wölbung sorgt, heißt Zentrifugal- oder Fliehkraft. An deinem Modell kannst du sie gut erkennen.

DU BRAUCHST

- Schere
- Papier in zwei Farben
- Lineal
- Holzspieß
- Klebeband
- Strohhalm
- Großen Haushaltsgummi
- Metallring (z. B. ein Schlüsselring)
- Knete
- Stift

Immer rundherum
Saturn rotiert alle 10 Stunden und 39 Minuten einmal um die eigene Achse, wobei sein Äquator sich mit einer Geschwindigkeit von atemberaubenden 35 000 km/h bewegt. Daher ist der Saturn etwa 10 % breiter als hoch.

Die Fliehkraft drückt auf die Papierstreifen, sodass sie sich nach außen wölben.

Achte darauf, dass die Streifen gleich weit voneinander entfernt sind.

1 **Schneide** die farbigen Papierbögen so zu, dass sie etwa 5 cm kürzer werden als dein Holzspieß. Schneide von jedem Blatt der Länge nach zehn 0,5 cm breite Streifen ab. Lege die Streifen farblich abwechselnd dicht nebeneinander auf den Tisch. Ziehe Klebeband über die gesamte Breite aller Streifen und lass es etwas überstehen (siehe oben). Hebe das „Streifenblatt" vorsichtig hoch und drehe es um.

2 **Schneide von einem Strohhalm** zwei kleine Stücke ab und klebe sie überstehend an den Enden auf das Band (siehe rechts).

Zweites Stück Strohhalm

Der Strohhalm muss gut kleben.

Die Streifen liegen dicht beieinander.

FUNKELNDE RINGE

Saturns herrliche Ringe machen aus ihm eines der Wunder unseres Sonnensystems. Sie ragen 480 000 km ins All. Der äußerste Ring ist weiter vom Saturn entfernt als der Mond von der Erde. Obwohl sie sich so weit erstrecken, sind die Ringe sehr dünn und wenn man auf ihre Kante schaut, sind sie kaum zu sehen. Sie bestehen aus Milliarden funkelnder Eis- und Gesteinsbruchstücke, deren Größe zwischen Staubkörnern und kilometergroßen Blöcken liegt. Möglicherweise stammen sie aus einem Zusammenstoß eines Mondes mit einem Kometen.

Ringe über Ringe ▲
Raumsonden haben gezeigt, dass Saturns Ringe aus tausenden kleiner Ringe bestehen. Die Lücken dazwischen entstehen durch die Schwerkraft naher Monde.

TIPP
Rolle die beiden Halme langsam und mit gleichmäßigem Druck über das Klebeband.

Drücke fest an, damit es hält.

Das Ende sollte sich über dem Spieß frei bewegen können.

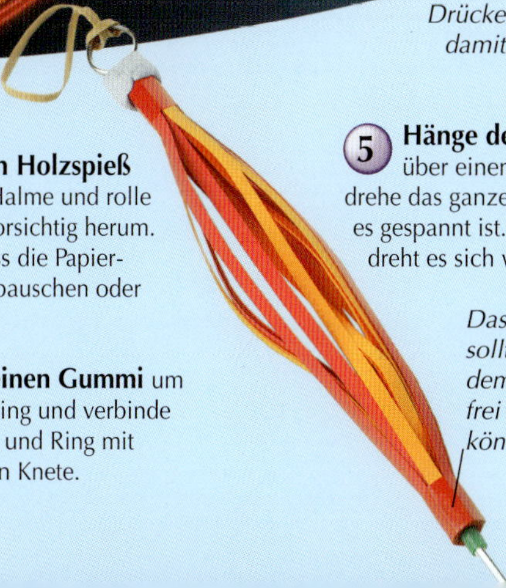

3 Stecke den Holzspieß durch die Halme und rolle das Klebeband vorsichtig herum. Achte darauf, dass die Papierstreifen nicht aufbauschen oder festkleben.

4 Schlinge einen Gummi um den Metallring und verbinde Spieß, Strohhalm und Ring mit einem Klümpchen Knete.

5 Hänge den Gummi über einen Stift und drehe das ganze Teil ein, bis es gespannt ist. Lässt du los, dreht es sich wieder auf.

Sternschnuppen

Meteore oder Sternschnuppen sind Gesteinsbrocken, die in die Erdatmosphäre eintreten und dort verglühen. Ihre hellen Leuchtspuren kannst du in jeder klaren Nacht sehen. Manchmal treten sie gehäufter auf. Man spricht dann von „Meteorströmen“. Die meisten Sternschnuppen werden von sandkorngroßen Teilchen hervorgerufen. Meteore von Apfelgröße lassen herrliche Feuerbälle mit langem Schweif entstehen.

1 **Wähle eine klare, mondlose Nacht** und einen dunklen Ort. Am besten siehst du Sternschnuppen nach Mitternacht, etwa alle 15 Minuten. Dann zeigt die Nachtseite der Erde in die Richtung, in der sich unser Planet um die Sonne bewegt, und die Steinbrocken fliegen direkt auf uns zu. Sternschnuppen sind dann schneller und heller.

2 **Setze dich** am besten auf einen klappbaren Campingstuhl. Die beiden größten Herausforderungen für Sternschnuppenbeobachter sind Kälte und Ungeduld. Du kannst einen Sternatlas mitnehmen und nach den Sternbildern am Himmel suchen. Und mit einem Freund oder Elternteil als Begleitung wird es auch nicht langweilig. Ziehe dich warm an und wickle dich vielleicht in einen Schlafsack.

SPEKTAKULÄR

Kometen sind riesige Bälle aus Eis und Staub, die manchmal durch das innere Sonnensystem fliegen und von der Erde aus zu sehen sind. Je näher ein Komet der Sonne kommt, desto mehr erhitzt sich seine eisige Oberfläche und verdunstet als glühender Schweif aus Gas und Staub. Durchquert die Erde den Kometenschweif, verursachen die Staubteilchen Meteorströme.

◂ **Kometenschweif**
1997 flog der Komet Hale-Bopp an der Erde vorbei. Die Kometenschweife zeigen immer von der Sonne weg, egal in welche Richtung er fliegt.

DU BRAUCHST

- Klapp- oder Liegestuhl
- Kopie deiner Sternkarte für Skizzen
- Warme Kleidung
- Schlafsack
- Notizbuch
- Stift

Gehe niemals nachts allein nach draußen! Bitte einen Erwachsenen mitzugehen.

METEORSTRÖME

Ein Meteorstrom

Bei einem Meteorstrom kannst du dutzende Sternschnuppen in einer Stunde beobachten, manchmal sogar tausende. Meteorströme treten immer zu den gleichen Zeiten im Jahr auf, wenn die Erdbahn durch den Schweif eines Kometen verläuft. Obwohl die Meteore sich in parallelen Bahnen durch die Erdatmosphäre bewegen, scheinen sie für den Betrachter auf der Erde von einem Punkt aus zu strahlen.

Warme Kleidung ist auch im Sommer nötig, wenn du Sternschnuppen beobachtest.

TIPP

Ein richtiger Liegestuhl erleichtert dir lange Stunden der Himmelsbeobachtung.

3 Bei einem Meteorstrom scheinen alle Sternschnuppen von einem einzigen Punkt am Himmel auszugehen, dem Radianten. Die meisten Ströme werden nach dem Sternbild benannt, in dem sich der Radiant befindet. Versuche den Radianten herauszufinden, indem du jede Sternschnuppe auf deiner kopierten Sternkarte (siehe Seite 46–47) einträgst. Verzeichne die Größe und Farbe jedes einzelnen Meteors.

Drehbare Sternkarte

Eines der nützlichsten Hilfsmittel für Sterngucker ist eine drehbare Sternkarte. Mit dieser einfachen Scheibe bekommst du genau heraus, welche Sterne du in welcher Nacht und zu welcher Uhrzeit sehen kannst. Auch Planeten und andere Himmelskörper kannst du damit finden. Drehbare Sternkarten gibt es im Buchhandel, aber sie sind auch leicht selbst herzustellen.

DU BRAUCHST

- Kopierer (oder Scanner, Computer und Drucker)
- Klebstoff
- Pappe
- Schere
- Atlas
- Durchsichtige feste Plastikfolie
- Musterklammer
- Kompass

Wähle Uhrzeit und Datum

Drehe die obere Scheibe, bis die aktuelle Zeit mit dem Datum übereinstimmt. Durch das Loch in der oberen Scheibe kannst du jetzt alle zu dieser Zeit am Himmel stehenden Sternbilder sehen, aber bedenke, dass sie auf der Karte viel größer sind und näher beieinander stehen als am Himmel.

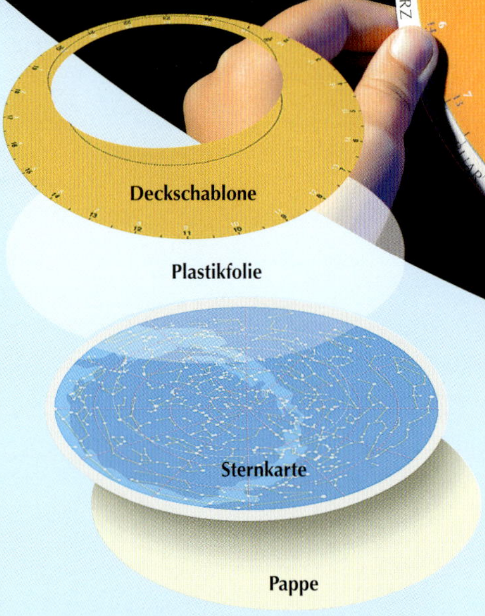

Schichten der drehbaren Sternkarte

Musterklammer

1 **Kopiere die Deckschablone** auf der rechten Seite und die Sternkarte deiner Halbkugel auf der nächsten Seite. Vergrößere beide um 150 %. Du kannst auch einen Scanner benutzen und sie vom Computer ausdrucken lassen. Klebe die Sternkarte auf eine feste Pappe und schneide den Kreis aus.

Deckschablone

Gebrauch der drehbaren Sternkarte

Wenn Uhrzeit und Datum nebeneinander liegen (siehe links), prüfe mit einem Kompass die Nord-Süd-Richtung und halte die Karte über deinen Kopf. Versuche Sternbilder auf der Karte am Himmel wiederzufinden. Das ist nicht so einfach, aber mit der Zeit bekommst du Übung.

2 Suche den Breitengrad deines Wohnortes im Atlas und schneide das entsprechende Oval aus der Schablone. Klebe sie dann auf eine durchsichtige feste Plastikfolie und schneide beides auf die Größe der Sternkarte zurecht.

3 Stoße vorsichtig mit einer geschlossenen Schere ein Loch in die Mitte beider Teile und verbinde sie mit einer Musterklammer, sodass sie sich frei drehen lassen.

Sternkarten

Diese Karten zeigen die hellsten Sterne, die in einer klaren Nacht mit bloßem Auge erkennbar sind. Eine Karte ist zum nördlichen und die andere zum südlichen Himmelspol ausgerichtet (zum Teil überschneiden sie sich). Um herauszufinden, welche Sterne in einer bestimmten Nacht sichtbar sind, kannst du dir eine drehbare Sternkarte basteln (Seite 44 – 45).

Sternbilder

Die Namen und gelben Linien auf den Karten stehen für Muster von Sternen – die Sternbilder. In einer normalen Nacht kannst du nur die hellsten Sterne erkennen. Sei also nicht enttäuscht, wenn du nicht alle Sternbilder erkennst. Übung macht den Meister!

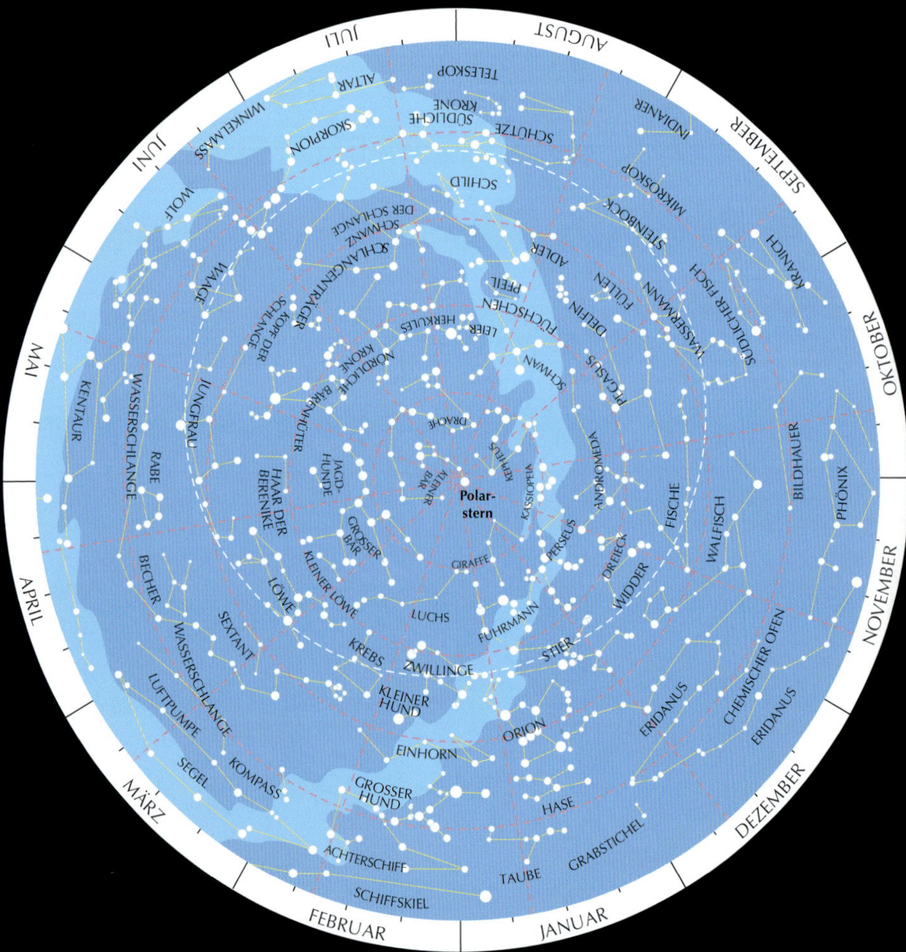

Sternbilder des Nordhimmels

Sternbild Orion und der am Horizont aufgehende Sirius

STERNKARTEN LESEN

Sternkarten können zu Anfang sehr verwirrend sein. Da der ganze Nachthimmel auf kleinem Raum abgebildet ist, wirken die Sterne sehr viel näher beieinander, als sie es wirklich sind. Manche Sterne scheinen auch größer zu sein als andere, doch tatsächlich ist hier die Helligkeit (Größenklasse) angegeben. Die dicken Punkte stehen für die hellsten Sterne. Kleine Punkte sind schwach leuchtende Sterne, die nur in sehr dunklen, klaren Nächten erkennbar sind. Astronomen haben eine Größenklassenskala entwickelt. Je schwächer der Stern leuchtet, umso höher wird die Zahl. Mit bloßem Auge sichtbar sind Sterne bis Größenklasse 6. Sirius, der hellste Stern am Himmel, hat die scheinbare Helligkeit 1,4 und der Vollmond erreicht –13.

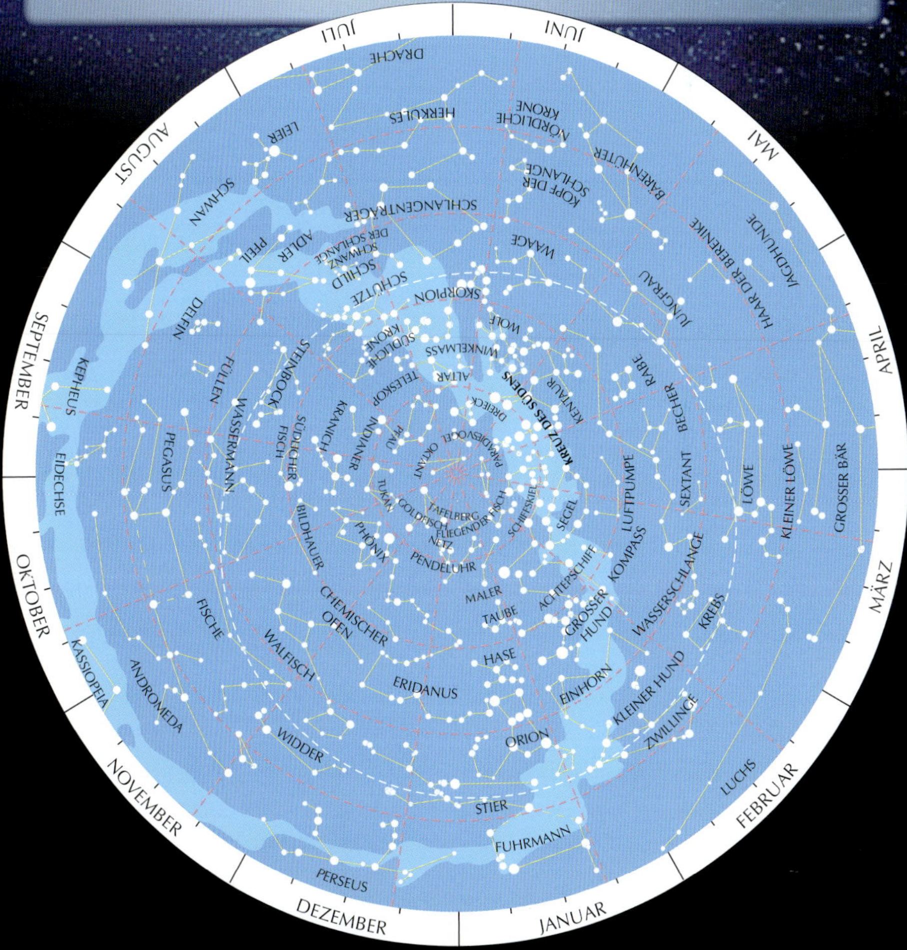

Sternbilder des Südhimmels

Sterne als Kompass

Weil die Erde sich dreht, scheinen sich die Sterne am Nachthimmel zu bewegen. Doch zwei Punkte stehen immer am gleichen Ort: der nördliche und der südliche Himmelspol, genau in nördlicher bzw. südlicher Richtung. Wenn du weißt, wo die Himmelspole sind, kannst du damit wie mit einem Kompass deinen Weg finden.

Sternspuren
Wenn du den Nachthimmel mit Langzeitbelichtung fotografierst, siehst du auf dem Foto eine Lichtspur von den über den Himmel ziehenden Sternen. Es scheint jedoch nur so, als ob sich die Sterne bewegten, tatsächlich dreht sich die Erde. An den Spuren erkennst du die verschiedenen Farben der Sterne. Der Stern in der Mitte dieses Bildes ist der Polarstern. Er steht etwa 1° neben dem wahren Himmelspol und verursacht einen kurzen, aber sehr hellen Strich.

FINDE DEN HIMMELSNORDPOL

Wenn du auf der Nordhalbkugel lebst, kannst du den nördlichen Himmelspol sehen, aber nicht den südlichen. Der Himmelsnordpol ist recht leicht zu finden, denn fast genau an der Stelle steht der Polarstern.

1 **Den Polarstern** findest du, indem du zuerst nach dem Großen Wagen suchst. Er ist das hellste Sternenmuster, das auf der Nordhalbkugel sichtbar ist. Allerdings steht es im Herbst viel tiefer am Himmel als im Frühjahr, wenn es um Mitternacht direkt über unseren Köpfen leuchtet.

2 **Verlängere die gedachte Linie** zwischen den beiden Sternen der Hinterachse fünfmal nach oben und du wirst auf den Polarstern treffen (oder du gehst von der rechten Kante des Wagens drei Handbreit nach oben). Mit dem Blick auf den Polarstern (genau im Norden), kannst du alle anderen Richtungen ermitteln.

FINDE DEN HIMMELSSÜDPOL

Für die Menschen der Südhalbkugel liegt der südliche Himmelspol immer an der gleichen Stelle kurz über dem Horizont, genau in südlicher Richtung. Er ist schwieriger zu finden als der Himmelsnordpol, denn dort stehen keine für das bloße Auge sichtbaren Sterne.

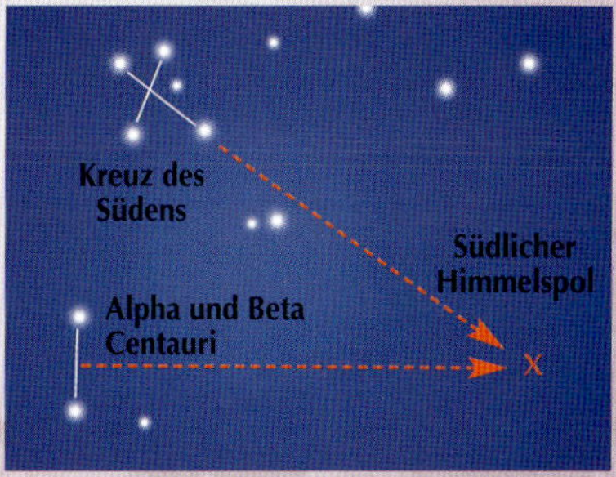

1 **Suche zuerst** das Kreuz des Südens, das bekannteste Sternbild des südlichen Himmels. Auch das Kreuz des Südens ist das ganze Jahr über sichtbar, denn es liegt dem Pol sehr nahe. Zwei außergewöhnlich helle Sterne aus dem Sternbild Kentaur (Centaurus) weisen auf das Kreuz des Südens. Sie heißen Alpha und Beta Centauri.

2 **Verlängere die Linie** der Längsachse des Kreuzes über den Fuß fünfmal nach unten (oder drei Handbreit) und du blickst genau zum südlichen Himmelspol. Auch eine Linie, die in der Mitte zwischen Alpha und Beta Centauri rechtwinklig abgeht, weist dahin. Wo beide Linien sich überschneiden, liegt der Himmelssüdpol.

Nordhimmel

Wenn du auf der Nordhalbkugel lebst, kannst du mithilfe des Großen Wagens und des Polarsterns auch andere Sterne finden. Beginne mit einigen Sternbildern in der Nähe des Polarsterns. Sie sind das ganze Jahr über sichtbar. Wähle eine klare, dunkle Nacht, damit du alle erkennen kannst. Einige leuchten nur schwach.

1 **Finde zuerst** den Großen Wagen, von dessen Hinterachse du eine Linie bis zum Polarstern verlängerst **(a)**. Dieser gehört zu dem schwach leuchtenden Sternbild Kleiner Bär (Ursa Minor, auch Kleiner Wagen). Es ist nur in klaren, dunklen Nächten sichtbar.

2 **Verlängere die Linie** noch ein bisschen und du triffst auf das Sternbild Kepheus, das wie ein umgedrehtes Haus aussieht. Am Hausboden siehst du einen roten Stern, den Granatstern. Er ist der röteste, mit bloßem Auge erkennbare Stern und gleichzeitig einer der beiden größten bekannten Sterne überhaupt.

3 **Ziehe eine Linie (b)** vom dritten Stern in der Deichsel des Großen Wagens zum Polarstern und dann weiter bis zu einem hellen Sternbild, das wie ein flaches W aussieht. Das ist Kassiopeia (Cassiopeia). Mit den Stellungen des Großen Wagens und Kassiopeias kannst du die Uhrzeit bestimmen (siehe Seite 54–55).

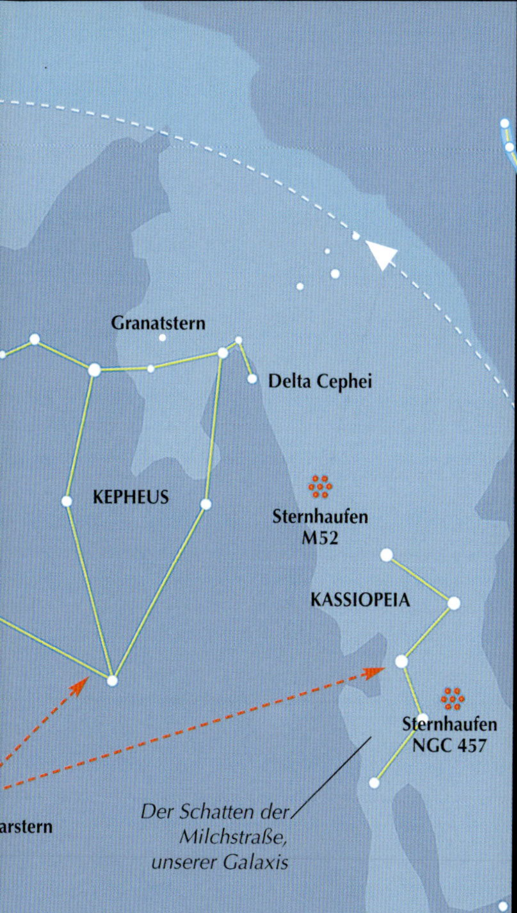

4 **Das nächste Sternbild** leuchtet schwach und ist daher nur in einer sehr dunklen Nacht zu sehen. Ziehe eine Linie **(c)** vom vierten Stern in der Deichsel des Großen Wagens zu einem langen gewundenen Sternbild, dem Drachen (Draco). Vier Sterne bilden zusammen den Kopf des Drachens.

5 **Versuche mit einem Fernglas** Galaxien zu finden. Halte um die Gegend des Großen Wagens herum Ausschau nach einem winzigen Paar verschwommener Flecken (im Bild links als zwei kleine Ovale). Das sind Galaxien. Die hellere ist die wunderschöne Spiralgalaxie M81.

NÖRDLICHE STERNBILDER

◀ Kleiner Bär
Der Kleine Bär wird auch Kleiner Wagen genannt, weil er wie eine Mini-Version des Großen Wagens aussieht. Zu ihm gehört auch der Polarstern, der hellste Stern am Himmel, der seit Jahrhunderten den Seefahrern zur Orientierung dient.

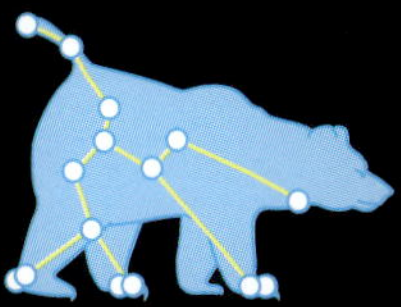

Großer Bär ▶
Die sieben Sterne des Großen Wagens bilden den Schwanz und Rumpf des Großen Bären (Ursa Major). Einer seiner interessantesten Sterne ist der zweite Stern in der Deichsel. Wenn du ganz genau hinsiehst, erkennst du, dass es sich in Wahrheit um einen Doppelstern handelt.

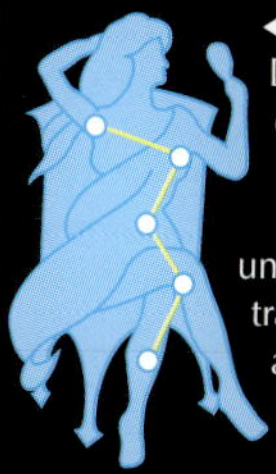

◀ Kassiopeia
Die alten Griechen benannten dieses Sternbild nach einer eitlen Königin und stellten sie sich auf einem Thron sitzend und sich selbst im Spiegel betrachtend vor. Kassiopeia liegt auf dem Band der Milchstraße. In ihrer Nähe befinden sich viele Sternhaufen.

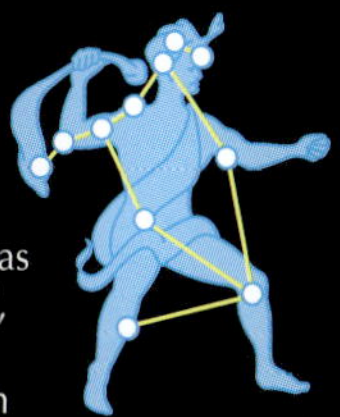

Kepheus ▶
Nach der griechischen Mythologie war Kepheus Kassiopeias Ehemann. Ein interessanter Stern in diesem Sternbild ist Delta Cephei. Das ist ein „veränderlicher Stern“, was bedeutet, dass er nicht immer gleich groß und gleich hell ist. Seine Wandlung kannst du über mehrere Nächte verfolgen.

◀ Drache
Der Drache (Draco) schlängelt sich quer über den Nachthimmel. Draco bedeutet „Drache“. Auch Harry Potters Erzfeind Draco Malfoy erhielt diesen Namen. Mit einem guten Fernglas kannst du in einer klaren, dunklen Nacht den Schwanz des Drachen untersuchen und sehen, ob du nicht einige Doppelsterne findest. Sie leuchten allerdings sehr schwach.

Südhimmel

Sterngucker, die auf der Südhalbkugel leben, müssen bei der Orientierung am Himmel ohne den Vorteil des Polarsterns auskommen. Dafür sehen sie jedoch viel mehr helle Sterne in der Polregion sowie farbige Nebel, Galaxien und sternreiche Abschnitte unserer Galaxis, der Milchstraße. Das Kreuz des Südens ist hier der Ausgangspunkt.

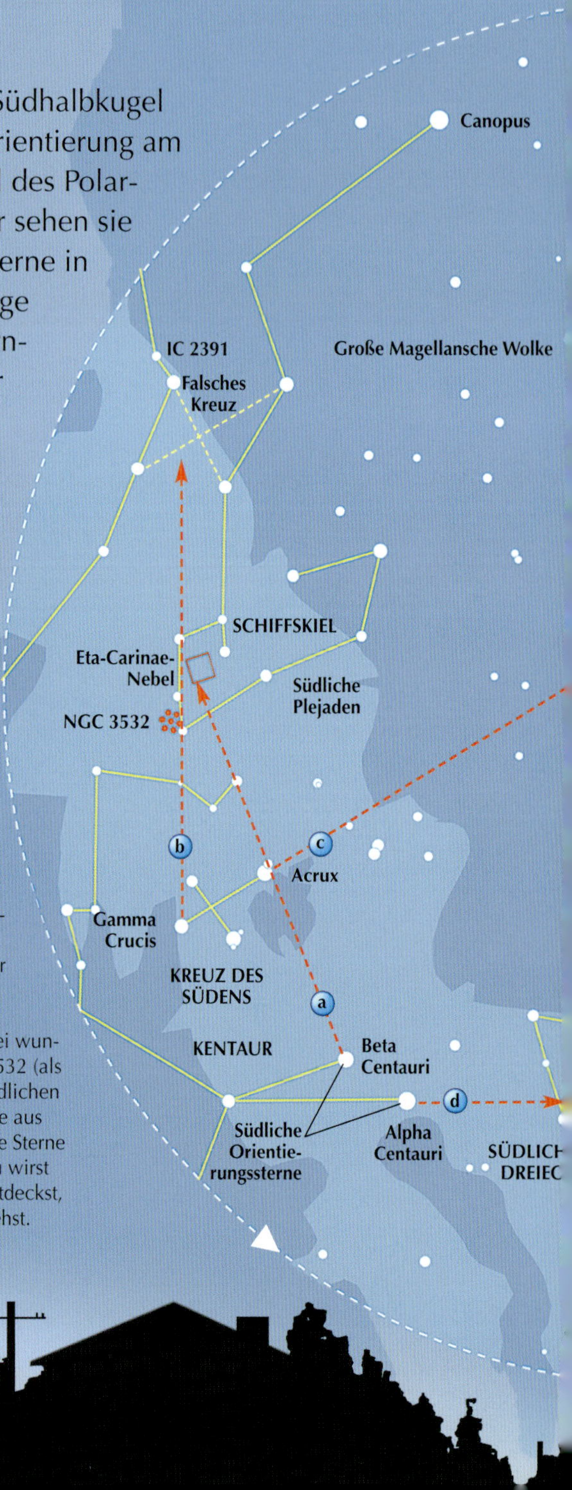

1 **Finde zunächst** das Kreuz des Südens und die beiden Sterne Alpha und Beta Centauri. Ziehe eine Linie **(a)** von Beta Centauri durch den Fuß des Kreuzes und verlängere sie noch einmal so weit. Du erreichst eine rote Wolke im Sternbild Schiffskiel (Carina) – den Eta-Carinae-Nebel (hier als rotes Viereck). Mit einem Fernglas kannst du einen massiven Stern (Eta Carinae) im Innern dieses fantastischen Nebels erkennen, der in ferner Zukunft vielleicht explodiert.

2 **Neben dem Nebel** liegen zwei wunderschöne Sternhaufen: NGC 3532 (als orange Punkte dargestellt) und die Südlichen Plejaden. Durch ein Fernglas sehen sie aus wie funkelnde Edelsteine. Versuche die Sterne der Südlichen Plejaden zu zählen. Du wirst herausfinden, dass du mehr Sterne entdeckst, wenn du sie leicht von der Seite ansiehst.

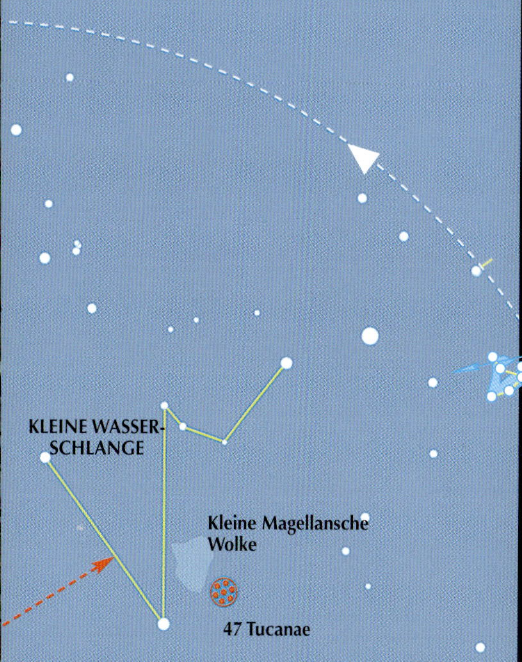

3 **Ziehe jetzt eine Linie (b)** vom oberen Endpunkt vom Kreuz des Südens bis zum Eta-Carinae-Nebel und verlängere noch einmal um die gleiche Strecke. Du triffst auf ein Sternbild, das ebenfalls wie ein Kreuz aussieht, das Falsche Kreuz, das häufig zur Verwirrung von Sternguckern beiträgt. Direkt dahinter liegt der schöne Sternhaufen IC 2391.

4 **Die nächste Linie (c)** verlängert die Längsachse vom Kreuz des Südens über den Fuß bis hin zu einem verschwommenen Fleck – der Kleinen Magellanschen Wolke (siehe auch Seite 67). Das ist eine kleine Galaxie, die etwa 200 000 Lichtjahre von der Erde entfernt liegt. Durch ein Fernglas kannst du Nebel und Sternhaufen darin erkennen. Direkt daneben findest du den zweitgrößten Kugelsternhaufen (eine dichte Kugel sehr alter Sterne), genannt 47 Tucanae.

5 **Kehre schließlich** zu den südlichen Orientierungspunkten zurück und ziehe eine Linie **(d)** von Alpha Centauri zu drei Sternen hinüber, die ein Dreieck bilden, das so genannte Südliche Dreieck.

SÜDLICHE STERNBILDER

Kreuz des Südens ▶
Das Kreuz des Südens (Crux) liegt genau auf der Milchstraße. Nahe seinem Fuß befindet sich ein dunkler Fleck, der Kohlensacknebel. Der Fuß des Kreuzes ist der Stern Acrux (eigentlich ein Doppelstern), die Spitze ein roter Riese: Gamma Crucis.

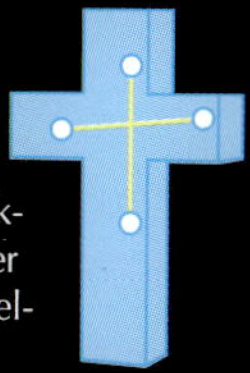

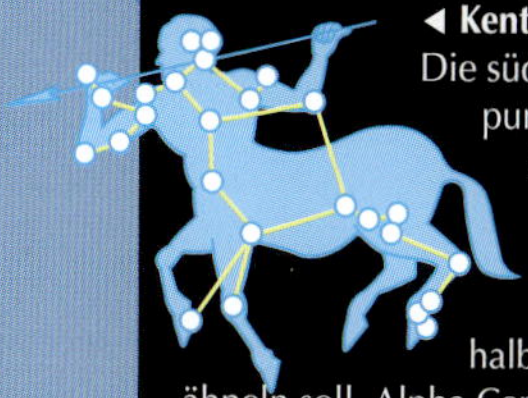

◀ Kentaur
Die südlichen Orientierungspunkte gehören zum Sternbild Kentaur (Centaurus), das dem der Legende entstammenden Kentauren, halb Mensch, halb Pferd ähneln soll. Alpha Centauri ist der dritthellste Stern am Himmel und der nächste Stern, der mit bloßem Auge erkennbar ist – 4,4 Lichtjahre von der Erde entfernt.

Schiffskiel ▶
Im Sternbild Schiffskiel (Carina) liegt der hellste Nebel am Nachthimmel, der Eta-Carinae-Nebel. Das Sternbild erstreckt sich bis zu Canopus, dem zweithellsten Stern nach Sirius. Canopus ist 15 000-mal heller als die Sonne, doch weil er so weit entfernt ist, kann er uns nicht blenden.

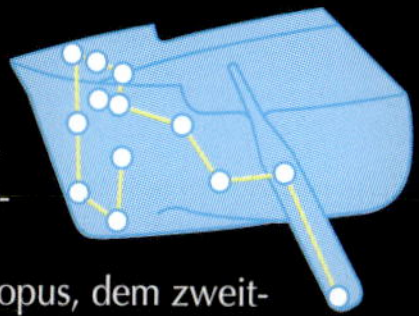

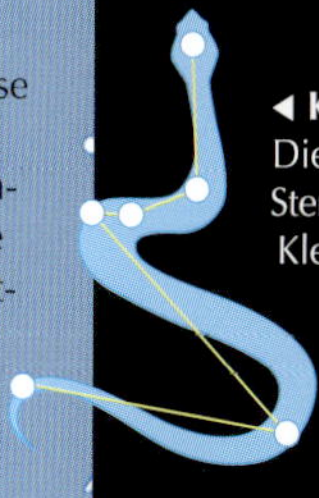

◀ Kleine Wasserschlange
Dieses nur schwach leuchtende Sternbild befindet sich nahe der Kleinen Magellanschen Wolke. Wie viele Sternbilder auf der Südhalbkugel wurde es erst recht spät, nämlich erst im 16. Jahrhundert, benannt. Mit einem guten Fernglas sind in der Mitte der Kleinen Wasserschlange (Hydrus) zwei rote Riesensterne zu sehen.

Südliches Dreieck ▶
Die drei hellsten Sterne des Südlichen Dreiecks zeichnen sich vor dem leicht diesigen Hintergrund der Milchstraße ab. Das Triangulum Australe, wie es international heißt, wurde von europäischen Entdeckern im 16. Jahrhundert benannt. Suche die Gegend ringsherum mit einem Fernglas nach dem Sternhaufen NGC 6025 ab.

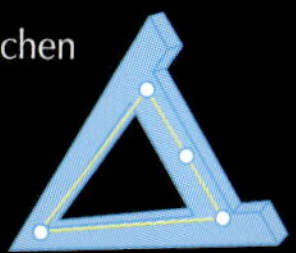

Nächtliche Uhrzeit

Egal ob du auf der Nord- oder Südhalbkugel der Erde lebst, die Sterne können dir die Zeit verraten. Bastle dir diese Sternuhr und lerne damit umzugehen, dann kannst du deine Freunde verblüffen. Zuerst musst du wissen, wie du den Himmelspol findest (siehe Seite 48 – 49).

DU BRAUCHST

- Kopierer (oder Scanner, Computer und Drucker)
- Tonpapier oder Pappe
- Klebstoff
- Musterklammer
- Schere

Gebrauch der Uhr

Halte die Sternuhr senkrecht vor dich. Das Datum sollte oben stehen. Halte die untere Scheibe fest und drehe die obere, bis die Sternbilder ihre Stellung am Himmel erreicht haben. Jetzt kannst du in dem kleinen Fenster die Uhrzeit ablesen.

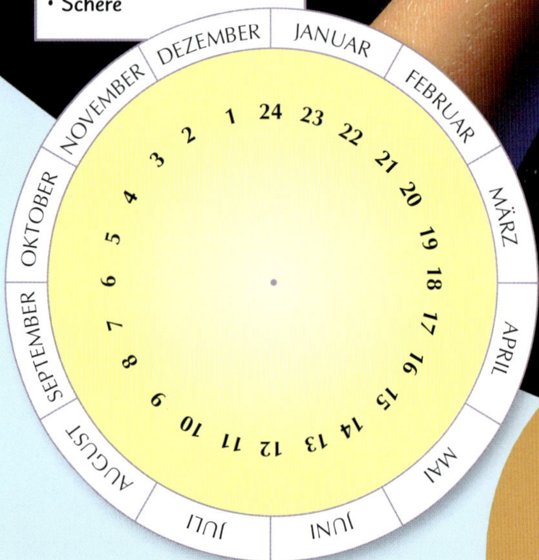

Nordhalbkugel – Untere Scheibe

Nordhalbkugel – Obere Scheibe

1 **Lebst du** auf der Nordhalbkugel, sind die beiden Scheiben auf dieser Seite für dich richtig. Wenn du dich auf der Südhalbkugel befindest, benutze die beiden Scheiben auf der rechten Seite. Kopiere sie auf festes Tonpapier oder auf normales Papier und klebe sie dann auf ein Stück Pappe. Du kannst sie auch einscannen und auf festem Papier ausdrucken.

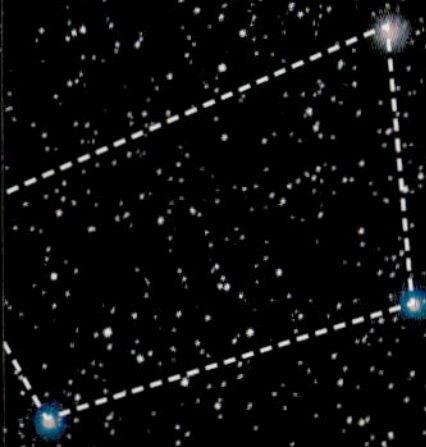

24 STUNDEN

Die Zeitmessung geht bis auf altägyptische Sternenbeobachter zurück. Alte Sargmalereien verraten uns, dass sie den Himmel als Uhr benutzten. Sie beobachteten bestimmte Sterne auf ihrem Weg über den Himmel. Durchschnittlich gingen 12 der ausgewählten Sterne in einer Nacht auf und daher unterteilten sie sie in 12 Abschnitte. Vor etwa 2000 Jahren schlug der griechische Astronom Hipparchus erstmals vor, Tag und Nacht in 24 gleiche Stunden zu teilen.

▲ **Zeitmessung**
Die alten Ägypter beobachteten den Verlauf der Sterne mit einem Instrument, das Gnomon genannt wird.

Drehe die obere Scheibe, aber halte die untere fest.

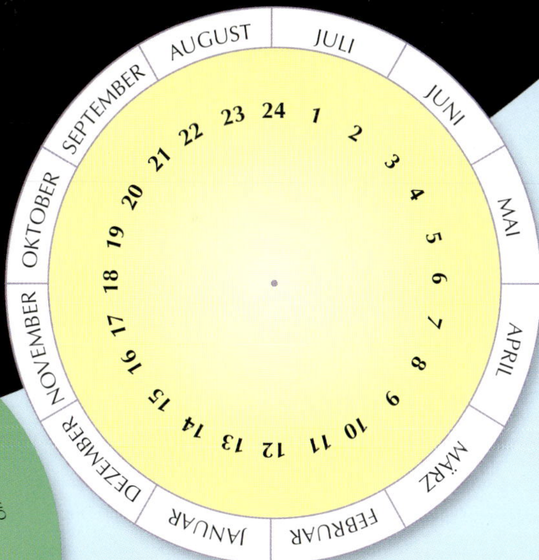

Südhalbkugel – Untere Scheibe

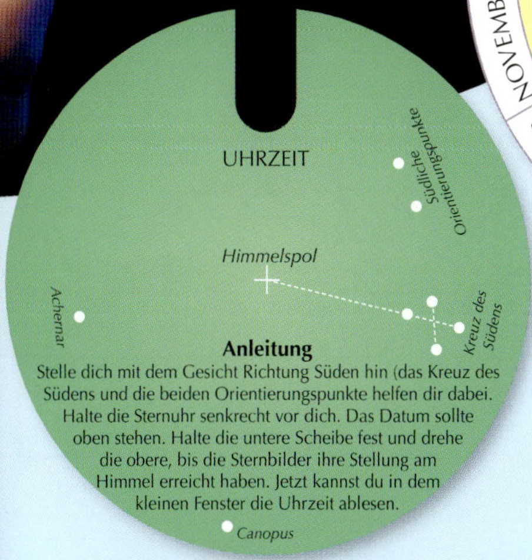

Südhalbkugel – Obere Scheibe

2 **Schneide beide Scheiben** sorgfältig aus. Lege die schmalere Scheibe auf die Mitte der breiteren, stich vorsichtig ein Loch durch die Mitte beider Teile und verbinde sie mit einer Musterklammer.

Breitengradmesser

Früher, als es noch keine Satelliten und genauen Karten gab, orientierten sich Seefahrer und Forscher am Lauf der Sterne. Sie verrieten ihnen nicht nur, wo Norden war, sondern auch den Breitengrad. So wussten sie, wie weit sie vom Äquator entfernt waren. Zur Messung benutzten sie einen Quadranten, ein einfaches Gerät, das du dir selbst herstellen kannst. Damit kannst du den Winkel (die Höhe) der Sterne und Planeten über dem Horizont messen.

DU BRAUCHST

- Zirkel
- Pappe
- Stift
- Geodreieck
- Schere
- Schwere Unterlegscheibe oder ähnliches Gewicht
- Schnur
- Tonpapier
- Klebeband

STANDORTBESTIMMUNG

Mit zwei Zahlen kannst du überall auf der Welt deinen Standort angeben: Längen- und Breitengrad. Die Längengrade teilen die Erde wie eine Orange von Pol zu Pol in 360 Abschnitte. Die Breitengrade verlaufen in Ost-West-Richtung und zeigen an, wie weit du vom Äquator entfernt bist. Stell dir vor, du stehst am Nordpol, wo der Polarstern immer genau über deinem Kopf leuchtet. Streckst du den Arm aus und zeigst zu ihm hin, bildet dein Arm mit dem Boden einen 90°-Winkel. Stehst du dagegen am Äquator und zeigst zum Polarstern, der knapp über dem Horizont steht, beträgt der Winkel zwischen Arm und Boden 0°.

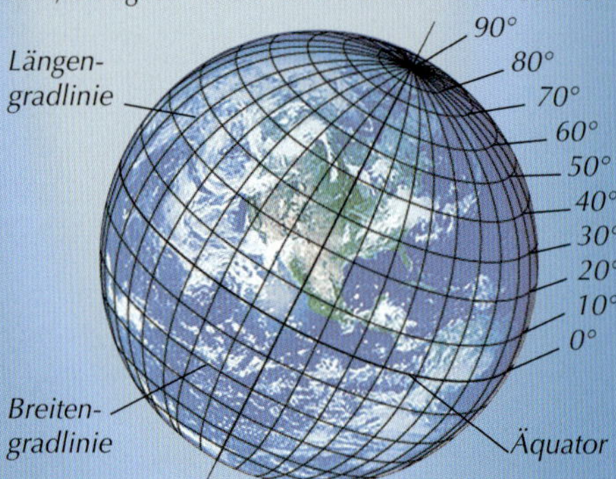

Linien von Längengrad und Breitengrad

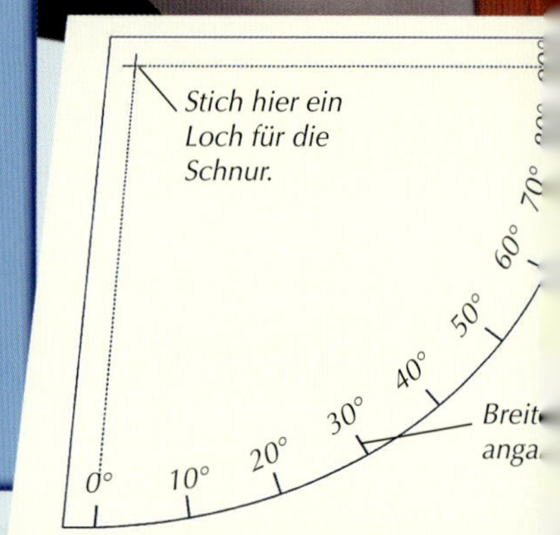

Gebrauch des Quadranten

Wenn du auf der Nordhalbkugel lebst, suche dir zunächst den Polarstern (siehe Seite 48). Schau durch das Guckrohr auf den Polarstern, lass das Gewicht zur Ruhe kommen und halte es dann fest. Dort, wo die Schnur jetzt hängt, kannst du deinen Breitengrad ablesen. Wenn du auf der Südhalbkugel wohnst, ist es am einfachsten, wenn das Kreuz des Südens (siehe Seite 49) senkrecht oder auf dem Kopf steht. Schau durch das Guckrohr auf Acrus, den Fuß des Kreuzes. Steht das Kreuz aufrecht, ziehe 27° von der Angabe des Quadranten ab; steht es auf dem Kopf, zähle 27° hinzu.

TIPP

Um deinen Blick und das Gewicht besser ruhig zu halten, stütze deinen Ellbogen ab.

1 **Ziehe mit dem Zirkel** ein Kreisviertel auf ein Stück Pappe und markiere mithilfe eines Geodreiecks die Gradzahlen von 0° bis 90° entlang der gebogenen Linie. Lass auf jeder Seite der Skala etwa 1 cm Platz zum Rand und schneide es aus.

2 **Stich ein Loch** in die Ecke, genau an der Stelle, wo sich die beiden Geraden von 0° und 90° treffen. Ziehe eine mit einem Gewicht beschwerte Schnur durch das Loch und verknote sie.

3 **Für das Guckrohr** rolle ein Blatt Papier um einen Stift und klebe es sorgfältig und ganz gerade auf die 90°-Seite des Quadranten.

Ein Stern ist geboren

Neue Sterne werden in riesigen Gaswolken, die man Nebel nennt, geboren. Sie liegen zwischen den Sternen. Einer der spektakulärsten Nebel ist der Orion-Nebel, der sowohl von der Nord-, als auch von der Südhalbkugel aus sichtbar ist.

1 **Die beste Zeit**, um den Orion-Nebel im Sternbild Orion zu beobachten, ist zwischen Dezember und Februar. Dann steht er hoch am Nachthimmel. Wenn du auf der Nordhalbkugel lebst, sieh nach Süden. Wenn du auf der Südhalbkugel lebst, blicke nach Norden.

2 **Wenn du die charakteristische** Form Orions entdeckt hast, suche die drei Sterne, die seinen „Gürtel“ bilden. Vom Gürtel herunter hängt das „Schwert“, in dessen Mitte sich der Orionnebel befindet. Du kannst ihn sogar mit bloßem Auge erkennen, aber durch ein Fernglas sind noch mehr Einzelheiten sichtbar. Tief im Innern dieser Wolke bilden sich neue Sterne. Fotos vom Nebel enthüllen fantastische Farben, die leider mit bloßem Auge oder Fernglas nicht zu sehen sind.

3 **Blicke noch einmal** zu dem Stern im Zentrum des Orionnebels. Mit bloßem Auge siehst du einen Stern und mit einem Fernglas vielleicht zwei. Tatsächlich ist dort eine Gruppe von mindestens vier neuen Sternen, die nach ihrer Form im Herzen des Nebels Trapez genannt werden. Die von diesen Sternen abgegebene Energie lässt das Gas im Orionnebel leuchten.

Der Jäger Orion
Orion ist in der griechischen Sagenwelt ein Jäger. Beobachter auf der Südhalbkugel sehen ihn auf dem Kopf und mit den Füßen nach oben stehend.

Pferdekopfnebel

4 Mit einem leistungsstarken Teleskop könntest du einen anderen interessanten Nebel im Orion aufspüren, der hier oben abgebildet ist. Wegen seiner Form wird er Pferdekopfnebel genannt. Er ist eine dunkle Staubwolke, die sich vor dem Hintergrund einer roten Gaswolke abzeichnet. Der Pferdekopfnebel liegt direkt unter Alnitak, dem linken Stern in Orions Gürtel.

NEUE STERNE IM NEBEL

Sterne entstehen, wenn Teile der Nebelwolke unter ihrem eigenen Gewicht zusammenbrechen. Dieser Prozess brachte auch unsere Sonne hervor (siehe Seite 11). Das Gas in den meisten Sternentstehungsgebieten kann man nur auf Fotografien sichtbar machen – mit atemberaubenden Ergebnissen.

Nordamerika-Nebel ▶
Dieser Nebel im Sternbild Schwan (Cygnus) sieht aus wie Nordamerika mit dem Golf von Mexiko. Er wird von neuen Sternen im Innern erleuchtet.

Lagunennebel ▶
Der Lagunennebel steht im Sternbild Schütze (Sagittarius) und ist auch mit bloßem Auge leicht zu erkennen. Diese Nahaufnahme des Hubble-Teleskops zeigt verschlungene Gassäulen und einen neuen Stern.

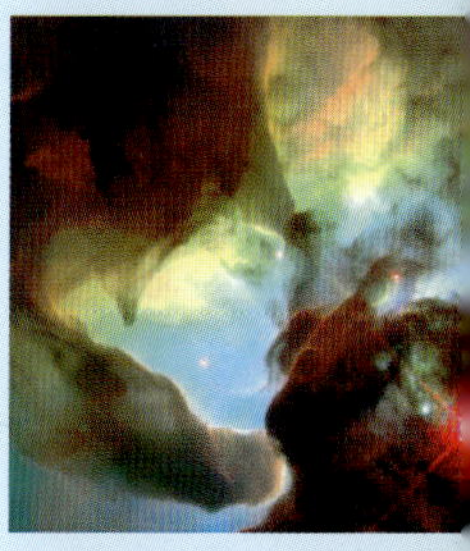

Trifidnebel ▶
Auch dieser Nebel liegt im Schützen und ist mit einem Fernglas zu erkennen. Für Einzelheiten braucht man aber ein gutes Teleskop. Die dunklen Linien sind Staubbänder, die das Licht abschirmen.

Säulen im Adlernebel ▶
Diese Aufnahmen riesiger Wasserstoffwolken stammen ebenfalls vom Hubble-Teleskop. In der „Fingerspitze" des größten Gasfingers entstehen neue Sterne. Diese Finger sind größer als unser ganzes Sonnensystem.

Sternhaufen

Der bekannteste Sternhaufen sind die Plejaden. Dieser offene Sternhaufen wird auch Siebengestirn genannt, da man mit gutem Auge sieben Sterne darin erkennt. Die meisten Leute erkennen allerdings nur sechs Sterne. Ein Fernglas verrät, dass viel mehr Sterne dazugehören.

Beste Beobachtungszeit
Wenn du auf der Nordhalbkugel lebst, kannst du die Plejaden am besten im Herbst oder Winter beobachten. Auf der Südhalbkugel entspricht das Frühjahr oder Sommer. Der Sternhaufen erreicht seinen höchsten Punkt am Himmel im November. Das Bild (rechts) ist eine stark vergrößerte Aufnahme.

DU BRAUCHST

Nützlich, aber nicht notwendig: ein Fernglas und eine drehbare Sternkarte

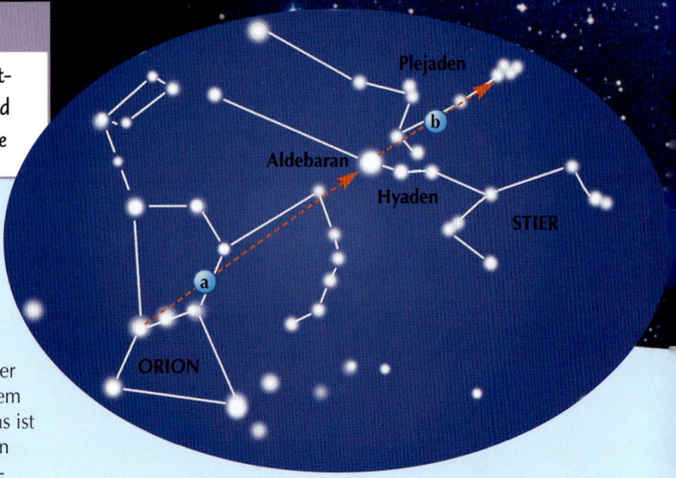

1 **Suche zunächst** den Gürtel des Orion (siehe Seite 58–59). Auf der Nordhalbkugel ziehst du dann eine gedachte Linie **(a)** durch Orions Gürtel, an der Schulter vorbei bis zu einem hellen, rötlichen Stern. Das ist Aldebaran im Sternzeichen Stier (Taurus). Auf der Südhalbkugel steht Orion auf dem Kopf und du ziehst die Linie von seinem Gürtel nach unten bis zu Aldebaran.

2 **Mit einem Fernglas** kannst du Aldebaran ansehen, einen roten Riesenstern mit leicht veränderlicher Helligkeit (mehr über Rote Riesen auf Seite 62–63). Neben Aldebaran befinden sich die Hyaden, ein offener Sternhaufen (siehe Kasten rechts).

3 **Hüpfe nun** ungefähr in der gleichen Richtung über Aldebaran hinweg, aber nicht so weit **(b)**. Du triffst auf den Sternhaufen der Plejaden, eines der schönsten Bilder am Nachthimmel.

Das Sternenlicht der Plejaden braucht fast 400 Jahre bis zur Erde.

TIPP

Beobachte keine schwachen Objekte bei Vollmond, denn sein Licht überstrahlt alles.

4 **Sieh dir die Plejaden** mit bloßem Auge gut an. Wie viele Sterne zählst du? Schau dann noch einmal mit einem Fernglas. Siehst du jetzt mehr? Tatsächlich umfassen sie mehr als 3000 Sterne. Mit nur 78 Millionen Jahren sind diese Sterne astronomisch gesehen „Babys" – zur Zeit der Dinosaurier standen sie noch nicht am Himmel. Mit einem starken Teleskop kannst du einen blauen Schimmer um die Sterne herum erkennen, der von einer Staubwolke stammt, die die Sterne regelmäßig durchlaufen.

STERNHAUFEN

Doppelsternhaufen NGC 1850

Dicht gedrängte Sterngruppen werden Sternhaufen genannt. Man unterteilt sie in zwei Hauptarten. Offene Sternhaufen wie die Plejaden und Hyaden sind lockere Gruppen junger, heißer Sterne, die hell und bläulich strahlen. In Kugelsternhaufen dagegen drängen sich hunderte bis tausende sehr alte Sterne. Im Gegensatz zu offenen Sternhaufen, die auf der Milchstraße liegen, findet man Kugelsternhaufen eher in den Randgebieten. Einer der spektakulärsten ist Omega Centauri im Sternbild Kentaur, sichtbar von der Südhalbkugel aus. Der eindrucksvollste Kugelsternhaufen für Beobachter auf der Nordhalbkugel ist der Herkules-Sternhaufen im Sternbild Herkules (Hercules).

Wenn das Ende naht

Alle Sterne haben irgendwann ihre Energie verbraucht und sterben. Mit zunehmendem Alter kühlt ihre Oberfläche ab und wird rot. Sie nehmen an Größe zu und werden zu „Roten Riesen" oder „Roten Überriesen". Ihren warmen Farbton kann man sogar mit bloßem Auge erkennen.

Wenn Beteigeuze sich aufbläht

Beteigeuze ist ein Roter Überriese im Sternbild Orion. Astronomen glauben, dass er bald in einer gewaltigen Explosion, einer so genannten Supernova, sterben wird. Auf dem Bild rechts hat ein Künstler gemalt, wie von der Erde aus eine Supernova des Beteigeuze aussehen könnte. Einige Wochen lang würde der Stern heller als der Mond leuchten und Schatten auf die Erde werfen.

Das Sternbild Orion

1 Einer der am leichtesten zu beobachtenden Roten Überriesen ist Beteigeuze an der (von uns aus gesehen) linken Schulter des Orion. Beteigeuze ist etwa 800-mal so groß wie die Sonne. Beobachte den Stern mit einem Fernglas und vergleiche seine Farbe mit der des Blauen Überriesen Rigel, dem sehr hellen Stern in der gegenüberliegenden Ecke des Orion (sein rechter Fuß). Blaue Überriesen entstehen, wenn Rote Überriesen ihre äußeren Schichten verlieren.

Rote Sterne 3000° C

Orange Sterne 4000° C

Gelbe Sterne 6000° C

Weiße Sterne 10 000° C

Hellblaue Sterne 20 000° C

Blaue Sterne 50 000° C

2 Die Farbe eines Sterns verrät uns seine Temperatur. Blaue Sterne sind am heißesten, rote am kühlsten. Finde die Temperaturen folgender Sterne heraus: Rigel, Vega (hellster Stern in der Leier), Arcturus (hellster Stern im Bärenhüter), Capella (hellster Stern im Fuhrmann), Sirius (hellster Stern im Großen Bären) und Deneb (hellster Stern im Schwan).

DAS STERBEN DER STERNE

Was passiert, wenn ein Stern stirbt, hängt von seinem Gewicht ab. Leichte Sterne schwellen zu Roten Riesen an und verlieren schließlich ihre äußeren Schichten, die planetarische Nebel im Weltraum bilden. Zurück bleibt ein kleiner Stern, ein Weißer Zwerg. Aus Sternen mit viel Masse werden Rote Überriesen. Wenn sie schließlich nicht mehr genug Energie besitzen, um dem unglaublichen Zug ihrer eigenen Schwerkraft zu widerstehen, fallen sie plötzlich in sich zusammen. Das führt zu einer Schockwelle. Die äußeren Schichten werden in einer Explosion ins All geschleudert. Man nennt das eine Supernova. Der dichte Kern bleibt entweder als winziger Neutronenstern übrig oder er schrumpft weiter, wenn er sehr schwer ist. Dann entsteht ein Schwarzes Loch – eine Schwerkraftfalle ohne Entkommen.

Schwarzes Loch ▲
So stellt man sich ein Schwarzes Loch (links) vor, das Materie von einem Blauen Riesen (rechts) in einer sich drehenden Wolke aufsaugt.

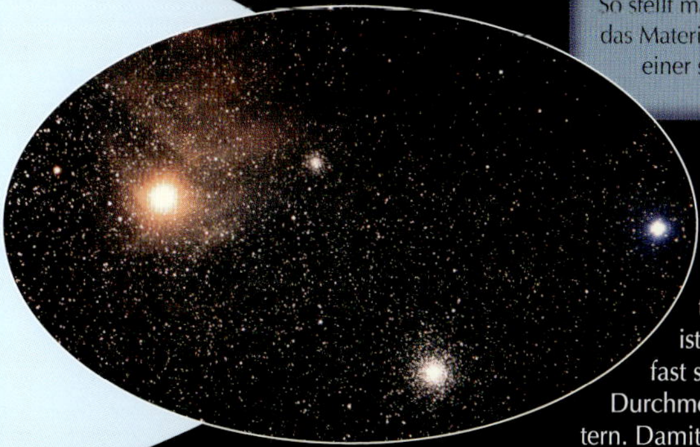

Der Rote Überriese Antares (links hinten)

Eindrucksvoller Antares

Wenn du auf der Südhalbkugel lebst, halte nach dem Roten Überriesen Antares Ausschau, dem hellsten Stern im Skorpion (Scorpius). Er ist einer der rötlichsten Sterne. Er scheint fast so hell wie Beteigeuze und hat einen Durchmesser von etwa 1 Milliarde Kilometern. Damit ist er 700-mal größer als die Sonne.

Unsere Heimatgalaxie

Fast jeder Stern am Nachthimmel gehört zur Milchstraße – unserer Heimatgalaxie. Die Milchstraße ist ein gewaltiger, sich drehender Strudel von 200 Milliarden Sternen. Die meisten befinden sich im Zentrum oder entlang der Spiralarme. In dunklen, klaren Nächten kannst du sie manchmal als verschwommenes Band am Himmel erkennen.

Staubversteck

In manchen Teilen der Milchstraße verdecken Staubwolken das Licht der dahinter liegenden Sterne. Wir sehen sie als dunkle Streifen am Himmel. Im Bild oben haben sich dunkle Staubwolken mit leuchtenden Gaswolken vermengt und ein farbiges Schauspiel entstehen lassen.

Aus der Entfernung

Könntest du aus sehr großer Entfernung auf die Milchstraße blicken, würde sie vielleicht wie die Spiralgalaxie NGC 1232 aussehen. Da wir uns innerhalb der Milchstraße befinden, sehen wir sie von der Seite und können ihre Spiralform nicht erkennen. Würden keine Staubwolken die Sicht behindern, sähen wir sie vielleicht wie im Bild unten abgebildet. Es zeigt die flache Scheibenform der Galaxis und die Wölbung in der Mitte, wo die Sterne am dichtesten stehen. Von einer Seite zur anderen misst die Milchstraße etwa 100 000 Lichtjahre.

Spiralarme winden sich aus dem Zentrum der Galaxie NGC 1232.

Galaxie NGC 1232

Unser Sonnensystem liegt in einem der Spiralarme etwa auf halber Strecke zum Zentrum.

Seitlicher Blick aus dem Weltraum auf die Milchstraße

Beobachtung der Milchstraße

In einer klaren, mondlosen Nacht ohne Lichtverschmutzung kannst du die Milchstraße in all ihrer Pracht bestaunen. Teile der Milchstraße sind das ganze Jahr über sichtbar, doch um die schönsten Gebiete zu sehen, solltest du wissen, wann und wohin du schauen musst. Beobachter auf der Nordhalbkugel orientieren sich am besten an den Sternbildern Schwan (Cygnus) und Adler (Aquila) im Spätsommer. Von der Südhalbkugel solltest du im Winter in Richtung Schütze (Sagittarius) und Skorpion (Scorpius) schauen. Dann hast du einen guten Blick auf das Sternenmeer im Zentrum der Galaxis.

GALAXIE IN DER TASSE

Mit Kaffee und Sahne kannst du dir ganz einfach ein eigenes Milchstraßen-Modell herstellen. Bitte einen Erwachsenen, dir eine Tasse schwarzen Kaffee zu machen. Rühre mit einem Löffel schnell um, sodass ein Strudel entsteht, und lass dann langsam einen Löffel Sahne hineinlaufen. Die Sahne wird eine sich drehende Spirale bilden. Die Milchstraße dreht sich allerdings ganz anders als die Sahne im Kaffee. Die Spiralarme bewegen sich nicht im Ganzen – sie sind einfach Orte, an denen sich Sterne auf ihrem Weg durch die Galaxis zeitweise drängen.

Selbst gemachte Spiralgalaxie ▸

Jagd nach Galaxien

Wenn du weißt, wohin du schauen musst, kannst du weit über unsere Galaxis hinaussehen. Suche drei der nächsten Nachbarn der Milchstraße: das am weitesten entfernte sichtbare Objekt und zwei weitere Galaxien.

Andromeda-Galaxie

Die Andromeda-Galaxie ist das am weitesten entfernte Objekt, das man mit bloßem Auge erkennen kann. Sie ist etwa 2,5 Millionen Lichtjahre weit weg. Das bedeutet, wir sehen sie, wie sie vor 2,5 Millionen Jahren aussah, also bevor es auf der Erde überhaupt Menschen gab. Sie ist eine Spiralgalaxie wie die Milchstraße, doch mit 400 Milliarden Sternen etwa eineinhalbmal so groß. Nah bei ihr liegen zwei kleine Begleitgalaxien, eine davon (M 32) ist auf dem Bild rechts als unscharfer weißer Fleck erkennbar.

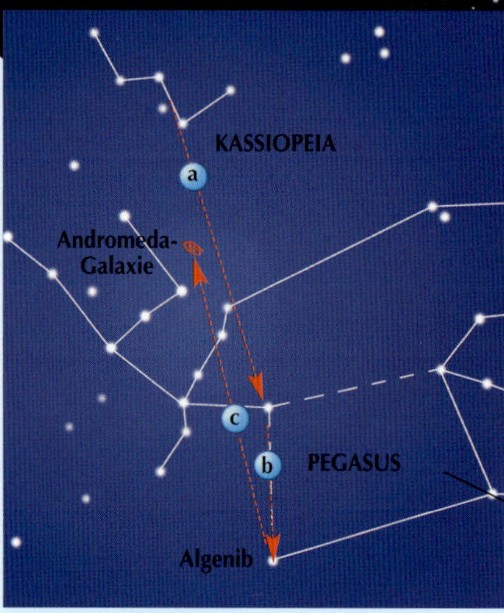

In klaren Nächten kannst du zehn Sterne im Pegasus-Viereck erkennen in anderen Nächten mag es leer erscheinen.

1 **Andromeda ist** die Galaxie, die von der Nordhalbkugel aus am besten zu sehen ist. Du findest sie, indem du vom „W" der Kassiopeia (Cassiopeia) ausgehst (siehe Seite 50–51) und eine Linie **(a)** vom mittleren Stern durch den tiefsten Punkt des „W" ziehst und weiter bis zur Ecke eines großen Vierecks. Das Viereck gehört zum Sternbild Pegasus, das nach einem geflügelten Pferd aus alten Legenden benannt wurde.

2 **„Hüpfe" jetzt** nach links unten **(b)** zu Algenib, dem nächsten Stern des großen Vierecks. Ziehe eine Linie **(c)** von Algenib zurück zum Mittelstern der Kassiopeia. Auf halbem Weg dazwischen liegt ein unscharfes Oval: die Andromeda-Galaxie. Bei guten Bedingungen kannst du sie mit bloßem Auge sehen. Ein Fernglas enthüllt das leuchtende Zentrum der Galaxie, mit einem starken Teleskop sind auch die Spiralarme erkennbar. Die kleine Begleitgalaxie Andromedas, M 32, ist manchmal auch mit einem guten Fernglas sichtbar.

Große Magellansche Wolke
Die Große Magellansche Wolke ist einer unserer nächsten Nachbarn. Die Galaxie umrundet langsam die Milchstraße. Die Große und die Kleine Magellansche Wolke sind nach dem portugiesischen Seefahrer Ferdinand Magellan benannt. Er entdeckte sie bei seiner ersten Weltumsegelung.

DU BRAUCHST

Nützlich, aber nicht notwendig: ein Fernglas und eine drehbare Sternkarte.

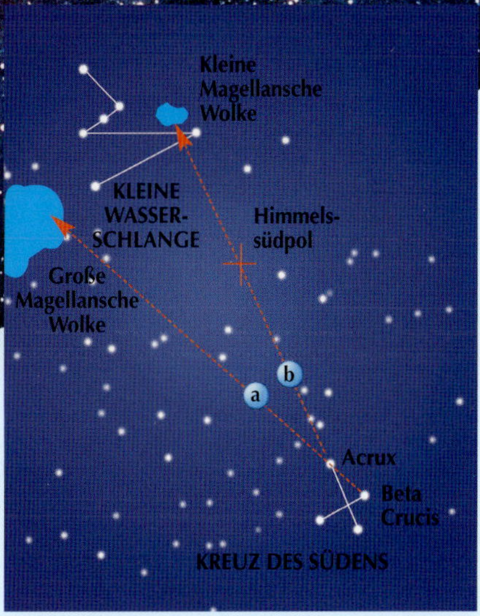

1 **Die auf der Südhalbkugel** am besten zu erkennenden Galaxien sind die Große und Kleine Magellansche Wolke. Ganz im Süden sind sie das ganze Jahr über sichtbar. Um die Große Magellansche Wolke zu finden, gehst du vom Kreuz des Südens aus. Ziehe eine Linie **(a)** von Beta Crucis durch Acrux und verlängere sie bis zu einem wolkigen Fleck. Das ist die Große Magellansche Wolke. Mit einem Fernglas kannst du vielleicht Sternhaufen und -nebel in dieser Galaxie erkennen. Der größte Nebel ist der Tarantelnebel.

2 **Um die** Kleine Magellansche Wolke zu finden, ziehe eine Linie **(b)** von der Längsachse vom Kreuz des Südens bis zu einem wolkigen Fleck nahe dem Sternbild Kleine Wasserschlange (Hydrus). Ein Fernglas enthüllt Sternhaufen und -nebel.

Gigantisches Universum

Planeten, Sterne, Galaxien und das ganze Nichts dazwischen sind das Universum. Astronomen haben herausgefunden, dass es sich ausdehnt. Aber wird es bis in alle Ewigkeit wachsen? Wir können uns das nur schwer vorstellen. Dieser einfache Versuch mit einem Luftballon zeigt dir die Ausdehnung.

Aufgeblasen

Das Universum wächst nicht „irgendwohin“, denn es gibt keinen Raum außen herum. Stell dir vor, die Galaxien befänden sich auf einem Luftballon. Wie das Universum hat die Oberfläche des Ballons keine Mitte und keine äußeren Grenzen, trotzdem kann er sich ausdehnen.

DAS UNIVERSUM BESCHLEUNIGT

Aufnahme des Hubble-Teleskops von entfernten Galaxien

Wenn Astronomen ihre stärksten Teleskope auf winzige Abschnitte am Himmel richten, erhalten sie Bilder wie dieses. Unzählige Galaxien, jede die Heimat von Millliarden von Sternen und Planeten, erstrecken sich, so weit wir sehen können. Beobachtungen haben ergeben, dass alle Galaxien sich voneinander entfernen, also dehnt sich auch das gesamte Universum aus. Seltsamerweise nimmt die Geschwindigkeit der Ausdehnung trotz Schwerkraft zu. Astronomen glauben deshalb, dass es eine unsichtbare Kraft geben muss, die „dunkle Energie“. Sie stößt die Schwerkraft auf irgendeine Weise ab und treibt alles auseinander. Die gleiche Kraft könnte eine Rolle beim Urknall gespielt haben.

DU BRAUCHST

- Luftballon
- Wasserfesten Stift

1 **Male mit einem** wasserfesten Stift Galaxien auf den Ballon. Du kannst ihn auch erst ein bisschen aufblasen, bevor du malst.

DER URKNALL

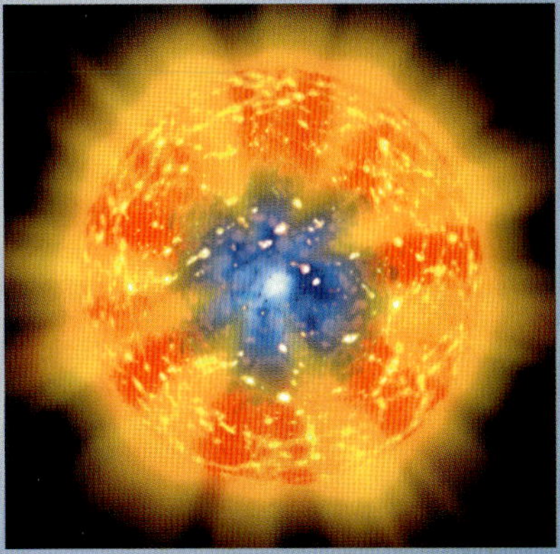

Der Anfang des Universums

Das Universum nahm seinen Anfang vor 13,7 Milliarden Jahren, als es aus dem Nichts explodierte. Erst war es winziger als ein Atom und in der nächsten Sekunde 200 Milliarden Kilometer groß. Seitdem dehnt es sich aus und wird vielleicht nie damit aufhören. Manche Forscher glauben, die Zeit begann erst mit dem Urknall. Das könnte immer ein Geheimnis bleiben.

Male Spiralen als Galaxien auf den Ballon.

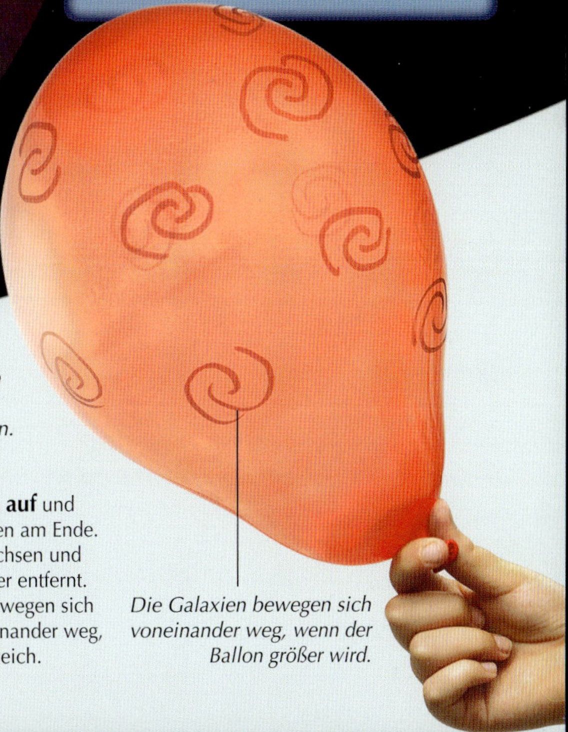

Die Galaxien bewegen sich voneinander weg, wenn der Ballon größer wird.

(2) **Blase den Ballon auf** und mache einen Knoten am Ende. Die Galaxien sind gewachsen und liegen weiter voneinander entfernt. Im echten Universum bewegen sich die Galaxien auch voneinander weg, aber ihre Größe bleibt gleich.

Begriffe

Achse Eine gedachte Linie, die durch den Mittelpunkt eines Planeten oder anderen Körpers führt und um die er sich dreht.

Atmosphäre Die Gasschichten um einen Planeten, die von der Schwerkraft angezogen werden.

Atom Die kleinste Materieeinheit, die nicht in kleinere Einheiten zerlegt werden kann, es sei denn durch Kernreaktion.

Asteroid (Planetoid) Ein kleiner Himmelskörper im Sonnensystem, dessen Durchmesser weniger als 1000 km beträgt. Die meisten Asteroiden liegen in einem Gürtel zwischen Mars und Jupiter.

Astronomie Die Wissenschaft von der Erforschung des Weltraums.

Breitengrad Ein Maß, das die Entfernung nördlich oder südlich vom Erdäquator angibt. Die Breitengrade werden in Grad gemessen und erscheinen auf einem Globus als gleich laufend versetzte Linien zum Äquator.

Drehbare Sternkarte Eine Sternkarte mit einem drehbaren Fenster. Mithilfe der Breitengrade gibt sie genau an, welche Sterne zu welchem Datum und welcher Uhrzeit sichtbar sind.

Dunkle Energie Eine Kraft, die man sich als Ursache für die sich beschleunigende Ausdehnung des Universums vorstellt. Ihre wahre Natur ist ein Rätsel.

Ekliptik Die gedachte Linie, auf der die Sonne scheinbar jährlich über den Himmel zieht.

Ellipse Eine ovale Form. Die Umlaufbahnen von Planeten sind Ellipsen.

Finsternis Das Ereignis, wenn der Schatten eines Mondes oder Planeten auf einen anderen Himmelskörper fällt.

Fluchtgeschwindigkeit Die Geschwindigkeit, die ein Objekt erreichen muss, um dem Zug der Schwerkraft zu entkommen.

Galaxie Eine Gruppe von Millionen oder Milliarden von Sternen, die durch Schwerkraft zusammengehalten werden.

Grad Eine Einheit, mit der Winkel oder Entfernungen auf einer Kugel gemessen werden.

Größenklasse Mit dieser Skala wird die Helligkeit eines Sterns angegeben. Helle Objekte haben eine niedrige Zahl, schwach leuchtende Objekte eine hohe.

Himmelskugel Eine gedachte Kugel, die die Erde umgibt. Sterne haben immer den gleichen Platz auf dieser Kugel und bewegen sich um die Erde.

Himmelspol Die Positionen am Himmel, die direkt über dem Nordpol bzw. Südpol liegen.

Kern Das Innerste eines Planeten oder Sterns.

Komet Ein Himmelskörper aus Eis und Gesteinsstaub. Nähert sich ein Komet der Sonne, verdunstet seine Oberfläche und er hinterlässt einen leuchtenden Schweif aus Gas und Staub.

Korona Die oberste Schicht der Sonnenatmosphäre, die nur während einer totalen Sonnenfinsternis als Ring (Halo) um die Sonne zu sehen ist.

Kosmos Ein anderer Name für das Universum.

Krater Diese schüsselartige Vertiefung kann durch einen Meteoriteneinschlag oder Vulkanausbruch entstehen.

Kruste Die äußere, felsige Hülle eines Planeten oder Mondes.

Kugelsternhaufen Eine kugelförmige Anhäufung dicht gedrängter sehr alter Sterne.

Längengrad Ein Maß, das die Entfernung östlich oder westlich einer gedachten Nord-Süd-Linie (0°) angibt, die durch Greenwich bei London (Großbritannien) verläuft. Die Längengrade werden in Grad gemessen und erscheinen auf einem Globus als von oben nach unten verlaufende Linien.

Lichtjahr Die Einheit, mit der astronomische Entfernungen gemessen werden. Sie beruht auf der Entfernung, die das Licht in einem Jahr zurücklegt, etwa 9,5 Billionen Kilometer.

Lichtverschmutzung Der helle Schein am Nachthimmel, der durch Straßenlampen und Umweltverschmutzung hervorgerufen wird. Er macht die Sternbeobachtung in Städten oft schwierig.

Masse Ein Maß für die Menge an Materie in einem Objekt. Masse hat eine ähnliche Bedeutung wie Gewicht, doch Objekte besitzen nur ein Gewicht, wenn sie sich auf der Erde oder einem anderen großen Körper mit nennenswerter Schwerkraft befinden.

Materie Jedes Material, das eine Masse besitzt und Raum einnimmt.

Meteor Auch Sternschnuppe genannt. Ein Lichtstreifen am Himmel, der von einem Gesteinsbrocken beim Eintritt in die Erdatmosphäre verursacht wird.

Meteorit Ein Gesteins- oder Metallbrocken, der vom All auf die Erde gefallen ist.

Meteorstrom Er entsteht, wenn die Erde durch den Staubschweif zieht, den ein Komet hinterlässt.

Milchstraße Das ist die Galaxie, in der wir leben. In dunklen Nächten erscheint sie als blasses milchiges Band am Himmel.

Mond Ein großes natürliches Objekt, das einen Planeten umkreist.

Nebel Eine riesige Wolke aus Gas und/oder Staub im Weltall.

Offener Sternhaufen Eine lose Zusammenballung junger Sterne.

Opposition Der Punkt auf der Umlaufbahn eines Planeten, an dem er sich gegenüber der Sonne befindet und die Erde genau zwischen beiden liegt. Er kann dann gut beobachtet werden.

Orbit Die Umlaufbahn eines Körpers um einen anderen, der mehr Masse besitzt.

Planet Ein großer kugelförmiger Körper, der einen Stern umkreist.

Planetarischer Nebel Eine Wolke aus Gas und Staub, die von einem sterbenden Stern ausgestoßen wird.

Polarstern Der Stern Polaris, der den Himmelsnordpol markiert und um den sich der Nordhimmel zu drehen scheint. Der Polarstern liegt immer genau im Norden.

Roter Riese Ein Stern, der an Größe zugenommen und eine rote Farbe angenommen hat, weil er sich dem Ende seines Lebens nähert.

Roter Überriese Ein Roter Riese, der kurz vor der Explosion in einer Supernova steht.

Satellit (wörtlich „Begleiter") Ein Objekt, das in einer Umlaufbahn um einen Planeten gefangen ist. Raumsonden sind künstliche, Monde natürliche Satelliten.

Schwarzes Loch Ein Punkt im Weltraum mit so gewaltiger Schwerkraft, dass ihm nicht einmal Licht entkommen kann.

Schwerkraft Die unsichtbare Anziehungskraft, die zwischen allen Objekten besteht.

Stern Ein riesiger, glühend heißer Gasball, der durch Verschmelzung von Atomkernen in seinem Innern erleuchtet wird.

Sternbild Ein Muster von Sternen, oft nach Figuren aus Legenden benannt.

Sternwarte Ein Ort, an dem Astronomen meist mit einem Teleskop die Sterne beobachten.

Sonnensystem Eine Sonne und ihre Umgebung mit allen Planeten und Asteroiden.

Supernova Die gewaltige Explosion eines Sterns zu seinem Lebensende.

Tierkreis Die Reihe der Sternzeichen entlang der Ekliptik. Sonne, Mond und Planeten scheinen sich in einem Jahr durch die Tierkreiszeichen zu bewegen.

Universum Alles, was es gibt: Sterne, Planeten, Galaxien und der ganze Raum dazwischen.

Urknall Diese gewaltige Explosion brachte vor 13,7 Milliarden Jahren das Universum hervor.

Veränderlicher Stern Ein Stern, dessen Helligkeit nicht immer gleich ist. Manche verändern auch ihre Größe.

Wasserstoff Das häufigste chemische Element im Universum. Sterne und Galaxien bestehen hauptsächlich aus Wasserstoff.

Zirkumpolarstern Ein Stern, der nicht über den Himmel zieht, sondern immer am gleichen Ort am Horizont stehen bleibt. Er umkreist einen der Himmelspole.

Register

Dank und Bildnachweis

Dorling Kindersley dankt den folgenden Personen und Institutionen für die freundliche Genehmigung zum Abdruck ihrer Bilder:

Schlüssel: o=oben, go=ganz oben, u=unten, m=Mitte, l=links, r=rechts

Clearview © Dreamstime:.Umschlagvorderseite o; Corbis/Gabe Palmer: 38–9m; NASA/Jet Propulsion Laboratory: 15gor, 20ml, 32ul, 32–3m, 35gor, 36–7, 37gor, m, 39 (Jupitermonde), 40gol, 41gor; /Marshall Space Flight Center Art Collection: 28l; Science & Society Picture Library: 17gor, 54tr; Science Photo Library/David Nunuk: 4–5, 18gor, 42–3 (Hintergrund), 44–5 (Hintergrund), /David A. Hardy: 8ul, 26ul, 63mr, 64u, /Detlev van Ravenswaay: 8–9go, 12, 19go, 56ul, 69gor, /Frank Zullo: 9r, 42ul, 47gol, 64–5 (Hintergrund), /John Foster: 11ul, /David Ducros: 13gor, 27r, /Mark Garlick: 14ul, 43gor, 68–9, /Cordelia Molloy: 18ml, /Dr Fred Espenak: 18–19u, 24–5go, /John Sanford: 20ul, 20–1 (Nachthimmel), 31ml, 56–7 (Nachthimmel), 58–59 (Hintergrund), 62l, /Eckhard Slawik: 20–1 (Mond), 23 (Mondphasen), 54–5 (Nachthimmel), /European Southern Observatory: 22gor, 59ml, 64m, /Larry Landolfi: 24ul, 38go, /Dr Juerg Alean: 25u, /NASA: 29gor, 30l, /Pekka Parviainen: 30–1go, 48–9 (Hintergrund) /NASA/SMU/David P. Anderson: 31mr, /Space Telescope Science Institute/NASA: 33gor, 59mro, 59ur, /Rev. Ronald Royer: 39ul, /Jerry Schad: 46–7 (Hintergrund), /Tony & Daphne Hallas: 58l, 66–7 (Hintergrund), /Celestial Image Company: 59gor, 61ur, 67go, /National Optical Astronomy Observatories: 59mru, /Royal Observatory, Edinburgh: 60–1 (Hintergrund), /Joe Tucciarone: 62–3 (Hintergrund), /Luke Dodd: 63u, /MPIA-HD, Birkle, Slawik: 64gol; STSml, Hubble Space Telescope: 5mr, 68u.

Alle anderen Abbildungen
© Dorling Kindersley
www.dkimages.com